全国高等美术院校建筑与环境艺术设计专业规划教材

环境艺术设计手绘表达

思维的抽象到具象

西安交通大学　西安美术学院　主编

吴　雪　张　豪　编著

中国建筑工业出版社

图书在版编目（CIP）数据

环境艺术设计手绘表达 思维的抽象到具象／吴雪，张豪
编著．—北京：中国建筑工业出版社，2015.8
全国高等美术院校建筑与环境艺术设计专业规划教材
ISBN 978-7-112-18294-7

Ⅰ.①环… Ⅱ.①吴… ②张… Ⅲ.①环境设计 绘画技
法 高等学校 教材 Ⅳ.①TU-856

中国版本图书馆CIP数据核字（2015）第164413号

责任编辑：唐 旭 李东禧 陈仁杰
责任校对：刘 钰 刘梦然

全国高等美术院校建筑与环境艺术设计专业规划教材

环境艺术设计手绘表达
思维的抽象到具象
西安交通大学 西安美术学院 主编
吴 雪 张 豪 编著
*
中国建筑工业出版社出版、发行（北京西郊百万庄）
各地新华书店、建筑书店经销
北京京点图文设计有限公司制版
北京缤索印刷有限公司印刷
*
开本：880×1230毫米 1/16 印张：7½ 字数：201千字
2015年9月第一版 2015年9月第一次印刷
定价：**45.00**元
ISBN 978-7-112-18294-7
　　　　（27532）

全国高等美术院校
建筑与环境艺术设计专业规划教材

总主编单位：
中央美术学院
中国美术学院
西安美术学院
鲁迅美术学院
天津美术学院
四川美术学院
广州美术学院
湖北美术学院
清华大学美术学院
上海大学美术学院
中国建筑工业出版社

总主编：
吕品晶　张惠珍

编委会委员：
马克辛　王海松　吴　昊　苏　丹　吴晓琪　赵　健
黄　耘　傅　祎　彭　军　詹旭军　唐　旭　李东禧
（以上所有排名不分先后）

《环境艺术设计手绘表达　思维的抽象到具象》
本卷主编单位： 西安交通大学　西安美术学院
　　　　　　　　　吴　雪　张　豪　编著

总　序

缘起

《全国高等美术院校建筑与环境艺术设计专业实验教学丛书》已经出版十余册，它们是以不同学校教师为依托的、以实验课程教学内容为基础的教学总结，带有各自鲜明的教学特点，适宜于师生们了解目前国内美术院校建筑与环境艺术设计专业教学的现状，促进教师对富有成效的特色教学进行理论梳理，以利于取长补短，共同进步。目前，这套实验教学丛书还在继续扩展，期望覆盖更多富有各校教学特色的各类课程。同时对那些再版多次的实验丛书，经过原作者的精心整理，逐步提炼出课程的核心内容、原理、方法和价值观编著出版，这成为我们组织编写《全国高等美术院校建筑与环境艺术设计专业规划教材》的基本出发点。

组织

针对美术院校的规划教材，既要对学科的课程内容有所规划，更要对美术院校相应专业办学的价值取向做出规划，建立符合美术院校教学规律、适应时代要求的教材观。规划教材应该是教学经验和基本原理的有机结合，以学生既有的知识与经验为基础，更加贴近学生的真实生活，同时，也要富含、承载与传递科学概念、方法等教育和文化价值。十所美术院校与中国建筑工业出版社在经过多年的合作之后，走到一起，通过组织每年的各种教学研讨会，共同为美术院校建筑与环境艺术设计专业的教材建设做出规划，各个院校的学科带头人们聚在一起，讨论教材的总体构想、教学重点、编写方向和编撰体例，逐渐廓清了规划教材的学术面貌，具有丰富教学经验的一线教师们将成为规划教材的编撰主体。

内容

与《全国高等美术院校建筑与环境艺术设计专业实验教学丛书》以特色教学为主有所不同的是，本规划教材将更多关注美术院校背景下的基础、技术和理论的普适性教学。作为美术院校的规划教材，不仅应该把学科最基本、最重要的科学事实、概念、原理、方法、价值观等反映到教材中，还应该反映美术学院的办学定位、培养目标和教学、生源特点。美术院校教学与社会现实关系密切，特别强调对生活现实的体验和直觉感知，因此，规划教材需要从生活现实中获得灵感和鲜活的素材，需要与实际保持紧密而又生动具体的关系。规划教材内容除了反映基本的专业教学需求外，期待根据美院情况，增加与社会现实紧密相关的应用知识，减少枯燥冗余的知识堆砌。

使用

艺术的思维方式重视感性或所谓"逆向思维"，强调审美情感的自然流露和想象力的充分发挥，对于建筑教育而言，这种思维方式有助于学生摆脱过分的工程技术理性的约束，在设计上呈现更大的灵活性和更加丰富的想象，以至于在创作中可以更加充分地体现复杂的人文需要，并且在维护实用价值的同时最大限度地扩展美学追求；辩证地运用教材进行教学，要强调概念理解和实际应用，把握知识的积累与创新思维能力培养的互动关系，生动有趣、联系实际的教材对于学生在既有知识经验基础上顺利而准确地理解和掌握课程内容将发挥重要作用。

教材的使命永远是手段，而不是目的。使用教材不是为照本宣科提供方便，更不是为了堆砌浩瀚无边的零散、琐碎的知识，使用教材的目的应该始终是让学生理解和掌握最基本的科学概念，建立专业的观念意识。

教材的使用与其说是为了追求优质的教学效果，不如说是为了保证基本的教学质量。广义而言，任何具有价值的现实存在都可以被视为教材，但是，真正的教材永远只会存在于教师心智之中。

吕品晶　张惠珍

2008 年 10 月

前　言

　　图画作为最早的人类思想记录方式，已经存在了数千年的时间。著名的非洲大陆纳米比亚特威菲尔泉岩画就是其中的代表，它记录了非洲先民的游牧、狩猎、宗教生活场景。无数的兴衰史诗、伟大的发明功绩，都被人们用图画的形式记录在历史的画卷里。

　　20世纪初以包豪斯为代表的现代主义设计运动，依然以图画作为设计的记录与表达形式。图示化的记录与表达设计思维创意成为当代设计交流必不可少的手段与方法之一。手绘设计表达不是单纯的绘画形式表现，它是以传达和反映设计思想、设计关系为初衷，手绘的最终目的不是漂亮的二维画面，而是针对不同受众对象选取相应的表达形式，通过图画的语言表述传达作者的设计思维过程和结果。

　　很多初学者在看到大量手绘表现图时，往往被图纸表面效果吸引，一味追求画面中用线的"帅"，色彩的"绚"，而忽视了画面自身的内涵思想传达的准确性，出现喧宾夺主的现象。技法、技能固然是手绘表达学习的基本内容，但更重要的是对设计思维的正确传达才是手绘表现的教学之本，了解与掌握设计与技法的关系是学习手绘表达的首要任务。近年来，随着数字媒体技术的不断发展，设计表现的方式日趋多样化，以手绘为设计创意过程的记录手段、以手绘为设计师之间的交流工具，将成为手绘表达的主要功能。

作者
西安　2014 年秋

目 录

第1章 环境艺术设计手绘表达概述

学习目标：明确环境艺术设计手绘表达的基本概念，使学生了解手绘表达与环境艺术设计之间的联系，深刻认识该课程的学习对日后从事环境艺术设计工作所起到的重要作用和意义。

1.1 环境艺术设计手绘表达的概念

设计是人类把计划、设想通过视觉形式传达出来的创造性活动。任何设计作品在没有被实现之前，都需要用一种可视化语言来形象地表述设计者的思想，手绘表达正是这种能够传达设计思想的有效方式。

环境艺术设计手绘表达是设计师利用多种绘图工具、技巧和手段，通过绘画的形式，形象且直观地将自己的设计思维和设计意图呈现于图纸之上（图1-1），以明确传达设计师思维为目的。环境设计手绘表达既区别于一般的绘画，也不同于专业性很强的技术图纸，它是介于艺术绘画与工程技术绘图之间的一种表达形式，是将传统绘画艺术与建筑及设计艺术高度的结合，除了具有一定的艺术价值外，还具有一定的科学性。

环境艺术设计手绘表达是针对提高学生对于本专业的表现能力而制定的科学有效的训练课程。它也是建筑设计、城市规划等设计学科的基础训练课程。环境艺术设计手绘表达在室内设计、景观设计、建筑设计的表现和方案深化中都具有深刻的意义和促进作用。

环境艺术设计手绘表达的学习，需要学生具备扎实的美术基础和良好的艺术审美修养，这样才能将设计思维和设计意图准确、形象地传达出来。设计手绘表达不仅仅是一种艺术表现形式，更是将设计者的独特思维、个性充分体现的图像媒介。

● 图1-1 常见的手绘表达图纸（资料来源：赛瑞景观）

1.2 环境艺术设计手绘表达的作用

人的创造能力源于动手能力，设计师将设计灵感记录在大量的手稿草图中，这些草图就是设计的发端。在设计教育和设计实践各个环节中"动手"是提高学生设计思维最基本且最有效的训练方式，手绘表达作为动手能力中的一个重要组成部分，对学生在设计过程中的灵感捕捉、设计思维的推进和设计成果展示起到至关重要的作用。

在设计进程中，从概念的形式记录到设计师之间的交流，从设计方案的传达到施工现场的节点调整，手绘表达贯穿于整个设计的全过程。多数情况下，我们可将环境艺术设计手绘表达分为设计草图和设计最终效果图两大类。设计草图又可分为概念草图和分析草图。草图是设计过程中表达设计理念和设计方案最直接且快速的可视化语言。在最初的设计创意阶段，设计师把大脑中活跃的思维活动延伸到外部，通过具体的、可见的视图，运用手绘图画的方式快速记录设计思考过程中种种游离、松散的理念和内容，这就是概念草图（图1-2、图1-3），它能让创造性意向在快速表现中迸发并不断发展，最终凝练成为成熟的设计方案。概念草图在视觉上有些粗糙、随意、不规范，这是由于思考过程中灵感的火花往往是灵光一现、稍纵即逝，只有非常快速的手绘才能记录产生出的结果。这个阶段的手绘表达在技法上并没有过多的要求，只要能够用最短的时间，通过最有效的方式将设计思维展现出来就可以。概念草图是表达设计思维的重要手段，是整个创意思维发展过程的第一步。

创意阶段完成后进入到设计分析阶段，这时设计师思维的深入需要通过大量的分析草图来帮助完成，图像是分析调研资料和整理、比较设计关系的有效手段，通过手绘图像的记录，能够帮助设计师对自己的设计进行二次观察，使设计思路更加清晰明了。此时，这种整理记录的过程计算机无法代替，准确且科学的手绘图像是辅助设计分析草图不可回避的技能需求（图 1-4）。

最后是设计成果传达的阶段，这时的手绘表达我们称其为设计最终效果图（图 1-5）。随着设计的不断深入，能够被运用和肯定的设计内容越来越多，这样对设计的精细度、准确度要求也越来越高，因此设计最终效果图所展示的内容相比较前期的设计草图阶段更加生动、精细和全面。这时的图像画面结构严谨，材质、色彩和光影布局准确清晰，画面层次丰富，能够最大限度地接近真实的空间环境氛围。设计最终效果图不光能够展现空间的设计成果，更加能够展现出设计师的审美修养和设计价值取向。

● 图 1-2　手绘概念草图（资料来源:《建筑语汇》）

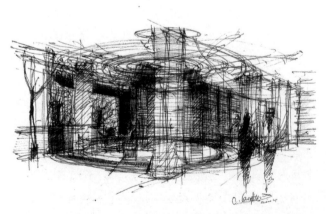

● 图 1-3　手绘概念草图（作者：崔笑声，资料来源:《设计手绘表达》）

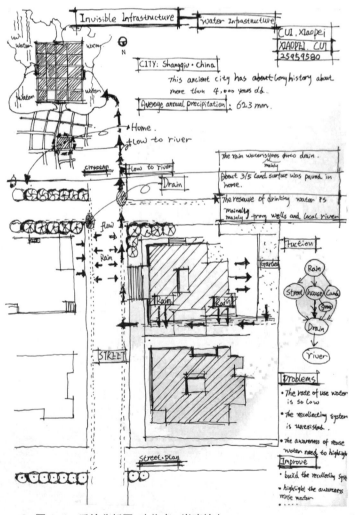

● 图 1-4　手绘分析图　（作者：崔晓培）

● 图 1-5　手绘最终效果图（资料来源：《建筑表现艺术 1》）

1.3　环境艺术设计手绘表达的意义

　　环境艺术设计是一门综合性很强的学科，创作过程相对复杂，因此需要设计师具备多种基础技能，而设计手绘表达就是作为一名出色的设计师所必须掌握的一门基本功，其能力的优劣直接影响设计思维的转化是否合理，设计进程是否顺利，设计成果的表达是否准确。一个生动而准确的手绘图像是用来表现设计理念和方案成果最直接的视觉语言，是设计师与客户之间沟通最快速有效的媒介。

　　随着计算机技术在设计领域的广泛应用，设计表现手段也更加多样化。尤其是计算机软件所绘制出的设计效果图，因为其自身的高仿真性和修改方案的灵活性等优势，成为设计师们近几年表达设计成果的主要方式。也正是由于这个因素，使得许多初学设计的学生更偏重电脑表现而忽视了手绘表达。那么，计算机设计表现与设计手绘表达到底哪个更重要呢？从客观的角度来讲，设计手绘表达与计算机设计表现在当今的环境艺术设计领域中同等重要，两者各有其优势，相互不可替代。

　　1）在与客户进行前期沟通方面，手绘表达能够快速生动地传递出设计师的多种想法及比对方案，供客户参考，促进设计师和客户之间的交流沟通（图1-6）。而计算机绘制因制作复杂、时间较长、初期效果缺乏艺术感等自身局限性无法做到与客户进行快速良好的沟通。

　　2）在设计方案阶段，设计师在捕捉设计灵感，收集创作素材时，手绘表达能够快速有效地完成，设计创意思维可以快速形成，为深入方案设计做好铺垫（图1-7、图1-8）。而计算机绘制效果图时间长、成本高，不利于设计创意思维的形成。

　　3）在设计成果展示阶段，计算机效果图比较手绘表现效果图更加逼真，因为计算机可以模拟真实场景的灯光、材质及空间尺度（图1-9）。因此效果图更加精准逼真。在设计成果的调整方面，计算机更加快捷，并且具有可复制性的优势。而手绘表现效果图虽然具有画面表达生动的特点，但必须重新再绘制一遍，耗时较长。

　　4）在艺术效果方面，手绘表现效果图所用的绘制工具、材料的选择性较大，表现手法和风格效果灵活多变，设计师通过手绘能够生动地展现出所要表达的设计意图和独具个性的特质。因此手绘表现效果图更富有感染力，更具有艺术美感。而计算机效果图相比较就显得过于生硬，缺少艺术表现力。虽然计算机效果图可以通过丰富的软件和后期处理来弥补这一不足，但是画面的感染力依然有限。近年来随着计算机技术的不断发展，设计软件与数位板技术的成熟，使得设计表达的方式日趋多样化，一些结合计算机优点与手绘特长的设计表达案例出现在我们的视野里，这也代表了今后设计表达的一个发展方向（图1-10）。

　　从以上四点分析结论不难看出，在设计初期阶段，手绘表达对于方案的构思、深化和与客户的交流方面都有着不可替代性。但在设计成果展示阶段，计算机效果图的真实性更优于手绘表现效果图，能更准确地展现设计意图。

　　因此，对于学习环境艺术设计的初学者来说，应该更加注重手绘表达的锻炼。前面我们讲过，人

● 图 1-6　手绘快速产生的比对方案（作者：尹曾）

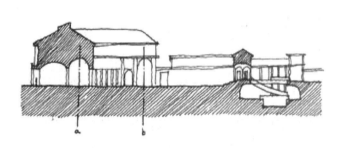

● 图 1-8　手绘方案草图（作者：刘威）

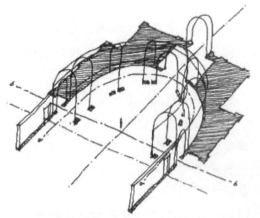

● 图 1-7　手绘方案草图（资料来源：《建筑师与设计师视觉笔记》）

● 图 1-9　计算机效果图表达（作者：张豪）

● 图 1-10　手绘电脑综合表达（作者：张旭辉）

的创造能力源于人的动手能力，眼、脑、手的配合在学习设计的初期阶段非常关键，手绘表达正是将这三者结合运用的有效方式。它能够推动设计思维不断地进行转化，在这个过程中锻炼和启发初学者的空间想象能力与形象思维，同时还能潜移默化地提高初学者的绘画基础和艺术鉴赏能力。如果在这个时期注重计算机的表现而忽视手绘表达，这将会极大地束缚设计思维的全面发展和审美水平的提高。其实，设计师的设计手绘表达基础的好坏也会直接影响其计算机的表现。因为手绘表达不仅仅是技能训练，其最终目的是提升学生思维认识水平，学会

设计思考，从而设计出好的作品。而计算机效果图的好坏程度正是设计内容所决定的，它需要设计者具备较高的设计水平和艺术修养才能达到。因此，学习环境艺术设计的学生们应该先注重手绘表达的训练，打好设计基础，然后再学习计算机表现。这样才能够将自身的设计能力全面发展和体现。

在环境艺术设计表现方式多样化的今天，手绘表达依然是设计师最方便实用、最快捷有效的方式和手段。它是衡量设计师综合素质的重要指标，对学生设计能力的提高和未来的就业都具有重要意义。

第2章　环境艺术设计手绘表达的常用工具及材料

学习目标：让学生认识常用环境艺术设计手绘表达的工具及材料，了解这些工具及材料的特性并掌握其使用方法。

2.1　工具及材料

环境艺术设计手绘表现图，由于其工具和材料的不同使用，产生出了不同的表现形式和风格，表现效果灵活多变。因此认识这些工具及材料是学习手绘表达的第一步。下面介绍在环境艺术设计手绘表达中常用的几种工具和材料（图2-1）。

● 图2-1　各种工具和材料

1）笔

手绘表达常用的笔，可分为线形用笔和着色用笔两大类。常用线形用笔有：铅笔、钢笔、水性笔、一次性针管笔。常用上色用笔有：彩色铅笔、马克笔。

（1）铅笔：它是绘制、起草手绘表现图的必备工具，具有易修改、表现细腻的特点。常用2B铅笔和自动铅笔如图2-2所示。

（2）钢笔：它是用于确定物体形体结构、材质肌理，表现画面素描关系的常用工具。所画出的线条清晰、肯定、挺拔有力，但不易修改。钢笔分为普通书写钢笔和美工钢笔，普通书写钢笔可通过转动笔尖绘图，画出的线条优美、富有弹性。美工钢笔则能根据下笔力度和角度的不同画出不同粗细且变化丰富的线条（图2-3）。

（3）一次性针管笔：它也是用于确定物体形体结构、材质肌理，表现画面素描关系的常用工具。与钢笔不同的是它型号种类较多，笔头的大小由粗到细，型号划分细致，笔头型号多为1.0~0.03mm。这样可以画出精确且粗细均匀的线条，能够使画面线条层次丰富，画面细节刻画更加深入；但画出后也不

● 图2-2　铅笔　　　　　● 图2-3　钢笔

易修改（图2-4）。

（4）水性笔：我们常见的各类中性笔、签字笔等统称为水性笔。它是练习手绘表达基础的常用工具，所画出的线条粗细均匀，下笔流畅，耐用性较强，但没有型号的划分（图2-5）。

（5）彩色铅笔：它是设计师最常用的手绘表现图上色工具。可以独立使用也适合与其他工具搭配使用。彩色铅笔色彩齐全，分为蜡性和水溶性两种，蜡性彩铅笔芯较硬，适合深入刻画，水溶性彩铅相比蜡性彩铅笔芯较软，颜色较鲜艳，同时可溶于水，

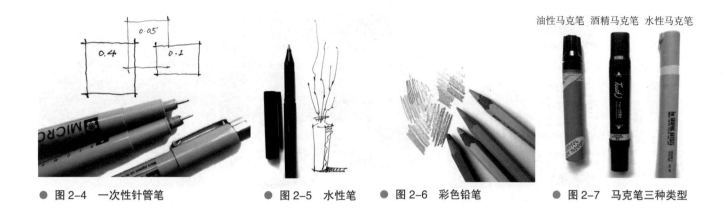

● 图 2-4　一次性针管笔　　● 图 2-5　水性笔　　● 图 2-6　彩色铅笔　　● 图 2-7　马克笔三种类型

能够表现水彩效果。彩色铅笔具有可反复叠加、易修改、细节刻画深入、明暗过渡均匀的特点，用它绘制出的画面色彩层次细腻丰富，画面细节生动。但由于深入刻画绘制时间较长，着色叠加次数过多容易产生画面"油腻"的效果，因此常与马克笔搭配使用（图 2-6）。

（6）马克笔：它是设计师快速上色时常用的手绘表现图上色工具。分为水性、油性、酒精三种类型（图 2-7）。水性马克笔的特点是色彩柔和、明度适中，色彩叠加后层次丰富，但不宜叠加的次数过多，否则容易使画面色彩灰暗浑浊。油性马克笔的特点是色彩鲜艳，饱和度、透明度较高并且耐水，适合同色或多色叠加使用。但是在吸水性强的纸上着色，色彩容易扩散，并且容易变色。有强烈的刺鼻气味。酒精马克笔的特点结合了水性与油性马克笔的优点，其色彩柔和、透明度较高。由于酒精挥发快，笔迹快干，笔触清晰，色彩稳定不易变色。同色或多色叠加后色彩变化丰富并且画面不易灰暗浑浊。

马克笔一般有两种笔头，一头宽扁、一头细圆。宽扁的笔头笔触整齐平直、着色面积较大，笔触感强烈有张力，适合用于物体块面的上色，细圆的笔头适合物体轮廓勾画和细部刻画（图 2-8）。

马克笔作图快捷、表现力强。马克笔单根单色，颜色齐全，色号固定，色彩多达上百种，并且色系划分详细（图 2-9），常用色系有灰色系、绿色系、蓝色系、黄色系、红色系等，每个色系的色彩都有由明到暗、由冷到暖的划分。马克笔不能调和使用，只能通过颜色的叠加达到画面色彩的变化和

丰富。由于马克笔使用时不需用水、干燥时间短、携带方便等特点，近年来广受设计师和初学者的青睐。

2）颜料

水彩、水粉、透明水色（图 2-10）是使用颜料作为环境艺术设计手绘表达的常见材料，其共同的特性是颜色具有可调和性，能够产生变化丰富的色彩效果。

①水彩：特点是颜料稀薄，画质给人的感觉湿润通透，由于颜料之间的衔接渗透性强，能够表现出微妙的色彩变化，但是水彩颜料不易覆盖底色，不具有较强的覆盖力，需要较长时间熟悉画材特性。

②水粉：特点是色彩纯度高，画质浑厚艳丽，具有较强的覆盖力，但色彩之间衔接渗透力较弱，故较难表现微妙的色彩变化。

③透明水色：属于水性颜料，画面效果与水彩相似，但它的颜色更加鲜亮艳丽，透明度更高，只是不具有覆盖性，并且画面不易保存，被光照时间较长后颜色有明显变化。

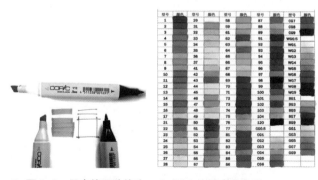

● 图 2-8　马克笔两种笔头　　● 图 2-9 马克笔色系

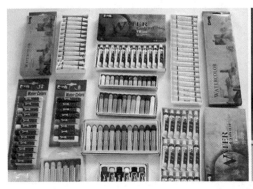

水彩   水粉   透明水色

● 图 2-10 颜料

3）纸

手绘表达常用的纸有：复印纸、绘图纸、硫酸纸、水彩纸。

（1）复印纸：纸质较薄，纸张紧密细腻，吸水性好，适合马克笔的使用。上色后的效果饱和度、透明度较高，色彩柔和，但这种纸不能承受多次运笔，容易破损。

（2）绘图纸：纸质较厚，表面质感略粗糙，吸水性强，适合马克笔和彩色铅笔的使用。马克笔上色后的色彩饱和度、透明度相比复印纸较低，色彩沉稳。这种纸可多次运笔，纸张不易破损。由于纸张表面略粗糙，彩色铅笔上色后颜色附着力强，适合多次叠加上色。

（3）硫酸纸：纸质光洁，强度高，无渗透性，有一定的透明度，适合马克笔的使用。上色后的效果色彩柔润、轻盈。可以反复修改。常用于建筑景观设计手绘表达的绘制。

（4）水彩纸：纸质较厚，吸水性很强，表面质感粗糙，见水不易变形，适合水彩、水粉、透明水色的使用。

4）其他工具和材料

除了以上环境艺术设计手绘表达时常用的工具和材料外，还有一些工具及材料起到了辅助制图的作用。它们是橡皮、直尺、三角尺、修正液等。修正液既可以帮助修改画面也可以用来提亮高光，对画面起到画龙点睛的作用。

说明：本教材在实践训练中所用的上色工具为马克笔和彩铅。选择这两个工具是因为它们具有易掌握、作图快捷、表现力强、使用时不需用水、干燥时间短、携带方便等特点，较为适合初学者使用。

2.2 不同工具及材料下的画法分类

根据不同的手绘表达使用工具及材料，可以将环境艺术设计手绘表现图大体分为钢笔表现图，彩铅表现图，马克笔表现图，水粉、水彩及透明水色表现图等。下面分别介绍这些表现图的特征及表现技法。

2.2.1 钢笔表现图（图 2-11~图 2-14）

特征：由于钢笔笔头质地坚硬，所画出的线条清晰肯定、挺拔有力，虽然画面只有黑白色调，但是会给人一种简洁明快、层次分明的感觉。钢笔表现图是用无数点和线来表现空间层次的，笔头的粗细变化使得线形长短宽窄不一，丰富多样。根据画面的要求可以控制点线的组合叠加，因此画面不仅能够体现出潇洒流畅的轮廓结构，也能刻画出细腻准确的细部关系。钢笔表现图依据设计内容可以表现出不同的风格气氛，既可严谨又可轻松。

技法：钢笔所绘制出的线条是无法擦拭的，因此只能做加法，不能做减法。这就要求在下笔之前，必须仔细观察对象，做到心中有数，准确落笔，一

● 图 2-11　钢笔表现图 (作者 : 吴雪)

● 图 2-12　钢笔表现图 (资料来源 :《建筑表现艺术 1》)

● 图 2-13　钢笔表现图（作者：吴雪）

● 图 2-14　钢笔表现图（作者：彭一刚，资料来源：《建筑绘画及表现图》）

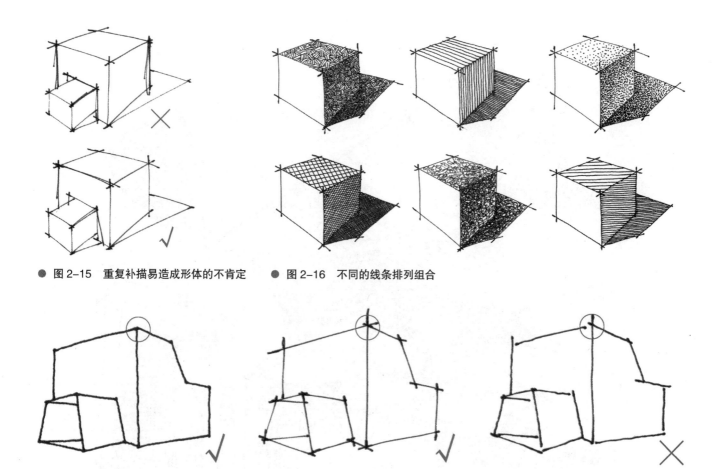

● 图 2-15　重复补描易造成形体的不肯定　　　● 图 2-16　不同的线条排列组合

● 图 2-17　线与线之间的衔接

气呵成。尽量不做过多的修改，以保持线条的连贯性。如果不小心画错线条的位置，这里主要是指物体的轮廓、结构线，可继续将线条在正确的位置重新补画好，但切忌在补画好的线条上不断地重复叠加多余的线条而造成线形的不统一，弄巧成拙（图2-15）。同时，在绘画中，尽可能地使用有秩序的平行线或交叉线，通过这些线条的疏密、叠加关系来增强画面的光感、质感、体积感（图2-16）。在勾勒物体的轮廓结构时，线条和线条之间要衔接上，否则物体会看起来不结实，表现力弱（图2-17）。大部分硬笔如钢笔、针管笔、弯头钢笔、水性笔等都有共同的特点，可一并对待。

2.2.2　彩铅表现图（图2-18~图2-20）

特征：画面效果细腻柔和，色彩丰富，并且会给

人一种轻盈、通透的质感。彩铅表现图有明显的笔触，画面节奏感较强。彩铅方便携带、容易控制掌握，可精细刻画对象，也可以像铅笔一样用线条概括表达。它既有铅笔的特性，依靠用笔的力度控制表达出对象的明暗变化，又可以兼顾马克笔的色彩表现力，通过线条来表达设计思维。

技法：通过笔尖用力的轻重来控制颜色的明度，背光面用力，受光面轻和，这样可以产生灵活多变的画面层次（图2-21）。笔头倾斜形成线条，画线时最好有一个统一的排列方式，比如都是直线或都是斜线，再或者线条产生有规律的方向性变化，切忌出现不同方向叠加的线条，这样会使画面混乱不堪，缺乏美感（图2-22）。如果需要不同颜色的叠加，那么线条之间尽量排列出缝隙，有助于另一种颜色的穿插，产生较为通透的效果。如果排列过密，不利于其他颜色的上色，并且会使画面产生油腻感。

● 图2-18　彩铅表现图（作者：吴雪）

● 图 2-19　彩铅表现图（资料来源:《2010 国际景观规划设计年鉴 3》）

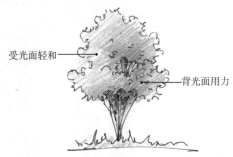

受光面轻和

背光面用力

● 图 2-21　笔尖用力的轻重控制颜色明度

● 图 2-20　彩铅表现图（资料来源:《建筑表现艺术 2》）

● 图 2-22　画线时最好线形统一排列

2.2.3　马克笔表现图（图2-23~图2-25）

特征：以较强的表现力和较高的工作效率深得设计师喜爱。画面色彩对比强烈，饱和度、通透性高，下笔肯定，因着色后迅速变干，故可以形成较为明显的笔触感。其色彩丰富，具有鲜明、奔放的气质和感性特征。马克笔对纸张的要求较低，在大多数种类的纸张上都可以进行表现，但需注意，不同特性的纸张、着色停留时间的长短往往都会使着色后

晕开的大小和明暗有一定差异。

技法：马克笔绘出的色彩不易修改，着色过程中需注意着色顺序，一般是先浅后深，由于马克笔挥发较快，因此在上色时速度一定要快，尤其是想要表现色彩之间的柔和过渡时，就需要在第一个颜色还没干透时上下一个颜色（图 2-25）。笔头不宜在纸上停顿时间过长，否则颜色会不均匀（图 2-26）。灵活运用笔头的粗细变化（图 2-27），宽笔头在画线时应尽量

13

● 图 2-23　马克笔表现图（作者：吴雪）

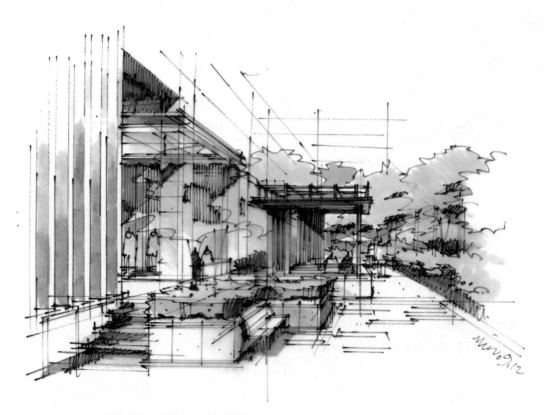

● 图 2-24　马克笔表现图（图片来源：赛瑞景观）

● 图 2-25　马克笔表现图（作者：李鹏飞）

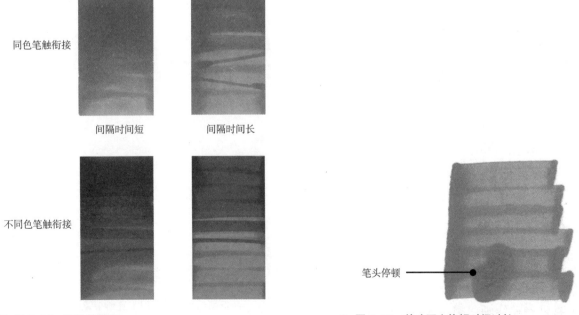

同色笔触衔接

间隔时间短　　　间隔时间长

不同色笔触衔接

笔头停顿

● 图 2-26　笔触的衔接

● 图 2-27　笔头不宜停顿时间过长

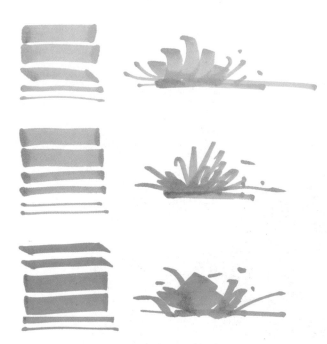

● 图2-28 笔头的粗细变化

● 图2-29 水粉表现图（作者：冯强，资料来源：《中国建筑画选1991》）

● 图2-30 水粉表现图（作者：张林，资料来源：《中国建筑画选1991》）

与纸面平行，才能画出粗细均匀的线条。马克笔在吸水性较弱和吸水性较强的纸上会产生不同的效果，吸水性较弱的纸，色彩相互渗透、色彩斑斓；吸水性较强的纸上色彩沉稳发乌，可根据不同需要选用。

2.2.4 水粉、水彩及透明水色表现图

1）水粉表现图（图2-29、图2-30）

特征：画面色彩饱和、浑厚，通透性较弱，材料的覆盖力强，便于修改。以白色调整颜料的深浅，用色的干、湿、厚、薄能产生不同的艺术效果。使用水粉绘制表现图，绘画技巧性强，由于色彩干湿变化大，湿时明度较低，颜色较深；干时明度较高，颜色较浅，掌握不好易产生"怯"、"粉"、"生"的毛病。

技法：需要有较强的艺术功底，其表现力很强而又易于修改，但应注意水粉本身的特性，总结其干、湿、厚、薄不同画法所产生的不同效果。一般先用薄画法绘制统一的画面基底色调，然后用厚画法描绘表现主体，最后提出各种配饰。

2）水彩表现图（图2-31、图2-32）

特征：水彩是专业绘画门类之一，它有别于其

● 图2-31 窗帘细部水彩表现图（资料来源：《建筑表现艺术2》）

● 图 2-32　水彩表现图（作者：金晓冬，资料来源：《景观手绘表现》）

他水粉、马克笔、彩铅的设计表达，是独立的表现艺术形式。水彩的表现过程，需要用水来调节画面，控制图面变化。其颜色纯净、透明，画面淡雅，层次分明，结构表现清晰，适合表现结构变化丰富的空间环境。水彩的色彩明度变化范围小，上色技法繁多，因此作图较费时。它的画面色彩变化丰富，经常出现一些意外效果，较水粉表现难掌握，需要大量的练习才能熟悉掌握画材的特性。

技法：需要有较强的艺术功底，水彩技法常用的主要有平涂、叠加、褪晕、水洗、留空等，色彩不易覆盖。其中干画法需要注意水分饱满、水渍湿痕，避免干涩枯燥；湿画法讲究重叠和接色。水分的运用和掌握是水彩技法的要点之一，水分在画面上有渗化、流动、蒸发的特性，充分利用水的特点是画好水彩表现的重要因素。另外水彩技法最突出的技法就是"留空"，水彩的透明特性决定了颜料的浅色不能覆盖深色，得依靠淡色和白粉提亮白色部分，因此需在画深一些的色彩时"留空"出来。

3）透明水色表现图（图 2-33）

特征：画面色彩明快鲜艳，比水彩更为清丽，由于水色的颗粒极细，因此比水彩的画质更加细腻通透。透明水色经常与其他技法混用，如钢笔淡彩表现等。

技法：透明水色属于水性颜料，易于流动，对纸面的清洁要求比较苛刻，在绘制过程中一定要保持纸面的干净。大面积渲染时可将画板倾斜。透明水色在调色时叠加渲染次数不宜过多，当色彩过浓时不宜修改。

● 图 2-33　透明水色表现图（作者：李诗文，资料来源：《设计手绘表达》）

2.2.5　不同材料及工具的综合运用表现图

前面介绍的几种工具及材料虽然都可独立完成手绘表达，但每一种在表现上都有一定的局限性。例如，钢笔表现图色彩单一；彩铅要深入表现耗时较长；马克笔在表现柔软质感的物体时不够生动等。因此，现在的设计师们在进行手绘表达时多会将不同种类的工具及材料搭配使用，从而达到理想的画面效果。下面介绍几种常见的搭配使用方式。

1）钢笔与彩铅、透明水色（图 2-34）

这种搭配组合方式能够表现出钢笔淡彩的效果。钢笔表现图虽然能够生动地展现出画面的光影、材质和肌理，但却只有黑白色调。彩铅或透明水色的搭配使用，能够将画面不同物体的色彩体现

出来。另外，彩铅或透明水色在着色后具有通透和柔和性，并不会削弱钢笔的笔触和画面层次。因此这种搭配运用，能够更加形象生动地展示设计师的意图。

2）马克笔与彩铅（图 2-35）

马克笔在表现上虽然笔触清晰明确，但是在表现柔软或粗糙的材质肌理时却不能形象地体现。这时搭配彩铅，可以将原本清晰的笔触模糊柔和化，而马克笔的笔触特点相较于彩铅更适合表达坚硬物体，两者的搭配使用能够使设计表达更加准确。另外，彩铅在深入表现时往往耗时较长，搭配马克笔使用能够让表达过程更有效率。

3）马克笔与水彩、透明水色（图 2-36）

水彩和透明水色使用上具有可调和性，而马克

● 图 2-34　钢笔与透明水色（作者：吴雪）

● 图 2-35　马克笔与彩铅（作者：张豪）

笔单根单色，虽然色彩繁多，但是在使用上不能将色与色进行调和，因此不容易表达出微妙的色彩变化，水彩或透明水色的搭配使用正好可以弥补这一不足。

这几种不同工具的综合表达，需要设计师充分熟悉各种工具的特性，经过长时间的经验积累才能较好地掌握。

● 图2-36　马克笔与水彩、透明水色（资料来源：赛瑞景观）

第 3 章　环境艺术设计手绘表达的关键要素

学习目标：通过对环境艺术设计手绘表达中各关键要素的分析与强调，激发学生学习和提高这些关键要素的理论知识，为能熟练运用手绘表达，打下良好的基础。

设计需要专业的语言去呈现给观众，这种语言是图示化的、需要用视觉去捕捉的，它是建立在一定表述规范下的图画语言，既不同于一般的专业绘画，也有别于专门的工程技术图纸，可以说它是通过图画的形式再现方案创意的工程技术范式。环境艺术设计手绘表达之所以与一般的绘画形式和专业性很强的技术图纸相区别，是由于它具备了三个重要特征。

一、科学性，它是建立在透视学基础之上，通过合理的尺度，科学客观地表达空间关系，较为真实地再现设计场景，成为环境艺术设计之预想图纸。它表现的空间必须符合现实场景的物理特征，任何违背自然规律的图面表达均会影响观众对作者创作意图的曲解。

二、艺术性，建立在素描、色彩等绘画基础之上，展现出环境艺术设计表现图的艺术魅力和设计师自身的艺术修养。各类表现工具的驾驭均建立在熟练的掌握与艺术的把握之上，这也是设计表达艺术性的根本。每根线条、每一笔颜色都倾注着设计师对方案的理解与个性的流露。

三、说明性，它能够传达具体的设计形式，包括尺寸、材料和施工工艺、空间组合关系等，成为与委托方沟通的有效媒介。设计手绘表达是设计师向观众表达设计思维的必要语言，是给观众建立较为精确的虚拟空间形象预想。准确清晰地传达设计中各要素的特征是空间设计语言的必要组成，失去了说明性特征，设计表现图就失去了其应有的价值。

通过以上三个特征可以看出，具备良好的透视基础、素描色彩基础和对环境艺术设计专业基本原理的熟悉认知是能熟练运用手绘表达反映设计意图的关键因素。

3.1　透视基础

透视是展现空间环境、表达设计意图的重要基础，是环境艺术设计手绘表达首先要掌握的一门基本技能。掌握透视图的原理和画法，可以将二维平面展现成三维空间，这样就能体验并把握空间，将设计意图正确地表现在画面上。如果透视原理掌握不好，透视不准确，形体空间就会变形失真，因此就算有着再好的创意、再潇洒的线条，也会影响对设计构思的准确传达和与委托方的交流沟通。当然，这也并不是要求在手绘表达时做到每根线条都精确地符合透视原理，只要保证大的透视关系基本正确就可以。

在环境艺术设计手绘表达时常用的透视方法有：平行透视（一点透视）、成角透视（两点透视）和斜角透视（三点透视）。在手绘表达中透视画法的恰当选择对画面的最终效果具有决定性意义。

1）平行透视（一点透视）（图 3-1）

即物体的一组面与画面平行，画面只有一个消失点（灭点）。它是环境艺术设计手绘表达时比较常

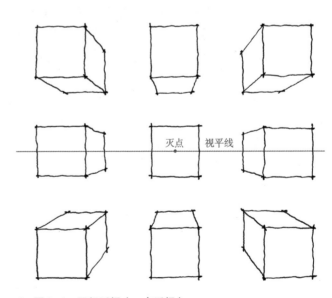

● 图 3-1　平行透视（一点透视）

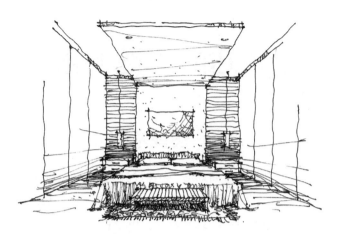

● 图3-2 宁静的空间气氛

用和容易掌握的一种透视表现方法。

特征：这种透视形式能够很好表现出空间中物体的远近关系，能够将画面场景表现得较完整，画面有较强的纵深感，会给人平衡稳定的感觉，比较适合表现庄重宁静的空间气氛（图3-2）。但这种透视形式表现不好容易使画面显得过于均衡，给人呆板的感觉。

2）成角透视（两点透视）（图3-3）

即物体与画面产生一定角度，画面中有两个在同一视平线上的消失点（灭点），它在绘制难度上比一点透视要大，但由于它在处理构图时具有很强的灵活性，因此在手绘表达中运用也比较广泛。

特征：这种透视形式具有较强的表现力，画面生动，它可以展现物体的正侧两个面，容易表现出体积感。有较强的明暗对比效果，视角的大小对透视图影响较大，视角一般由视距控制，视距过近，视角就会增大，视角过大或过小会使形体空间失真变形。常用视角一般以60°为宜，因为在正常情况下单眼视觉限制在60°的圆锥范围内，从这个范围之外射入的光（也就是周围视觉）会变形。成角透视常呈现出两种形式，一种是如图3-4所示，这种画法在表现建筑、建筑景观、城市规划和着重表现建筑室内空间的某一角时经常采用（图3-5）。

另一种如图3-6所示，这种画法相比较上一种，能够让画面中多呈现出一个界面，既能满足大空间的表现，又解决了平行透视画面呆板的缺点。因此，这种透视画法成为建筑室内空间手绘表达的常用方式（图3-7）。

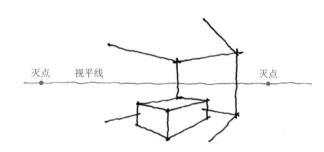

● 图3-4 成角透视1

● 图3-5 成角透视1

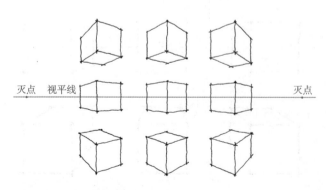

● 图3-3 成角透视（两点透视）

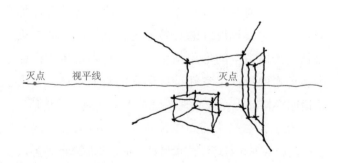

● 图3-6 成角透视2

● 图 3-7　成角透视 2

3）斜角透视（三点透视）（图 3-8）

即物体没有任何一条边与画面平行，同一画面中有三个消失点，除去和成角透视相同的两个消失点外，还有一个消失点是在垂直方向上产生，这种透视是人俯视或者仰视时形成的结果。

特征：这种透视形式适合表现大范围的空间，展现出气势磅礴、宏大的空间气氛。因此常用于大体量或大范围建筑的手绘表达，例如高层建筑、建筑群、城市规划、景观鸟瞰等，在建筑室内手绘表达中主要用于表现大型的公共空间。斜角透视在画法上需要注意三个消失点之间的距离，三点距离过近会使要表现的形体空间产生失真的感觉（图 3-9）。

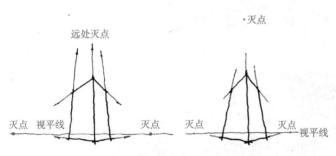

● 图 3-8　斜角透视（三点透视）　● 图 3-9　三灭点距离过近

3.2　素描与色彩基础

众所周知，素描与色彩表达是一切从事艺术工作者所必须具备的能力。素描和色彩是一切造型艺术的基础，它们不仅记录我们眼睛实际看到的一切，更是记录我们大脑思维所联想到的一切。掌握好素描与色彩基础利于提高手绘表达过程中表现实际的空间形态、体积与层次关系。材料的色彩与质感以及丰富的光影变化对于表达都起着潜移默化的作用。

如果说素描是通过线条、块面的黑白灰关系来塑造形体，表现其空间感、立体感和质感，那么色彩就是通过颜色的冷暖和明暗变化来达到这一目标。这就是为什么马克笔的所有颜色色系都会有冷暖和明暗之分。

从图 3-10 可以看出：

1）手绘表达在反映形体空间时，不论是素描关系还是色彩关系，都是通过六部分组成，它们依次是：亮面、灰面、明暗交界线、暗面、反光（环境色）、投影。而这六个部分在画面表达上都进行了高度的概括提炼，反映了手绘表达所具有的高效率特性。这里需要强调的是：

（1）亮面，在环境艺术设计手绘表达中画面不论是素描关系还是色彩关系，亮面一般都以留白的方式为主，除非光源较暖，才在上色时将亮部刻画出暖光源的色调（图 3-11）。

（2）灰面，它是反映物体自身质感和色调的关键部分，在素描关系的处理上这一部分需要着重刻画，体现物体原本的材质肌理。在色彩关系的处理上应该准确还原其自身的颜色。

（3）反光（环境色），它是反映物体与周围环境关系的一个组成部分，在素描和色彩处理上很多初学者将这一部分省略，结果就出现画面效果僵硬呆板，形体空间表现不够生动形象等弊端。因此应当重视对这一部分的刻画（图 3-12）。

（4）投影，它是物体能否存在于空间中，并体现空间光影效果的重要组成部分，但是很多初学者在手绘表达时经常忘记表现这一部分的内容，往往造成物体悬浮在空间里，无法融入画面的空间氛围中。

（5）明暗交界线，它是反映物体体量、质感的重要组成部分，明暗交界线往往位于物体的主要转折位置，是物体明暗面的分水岭、是物体的结构线，强化它则物体的体量感增强，边界清晰的明暗交界

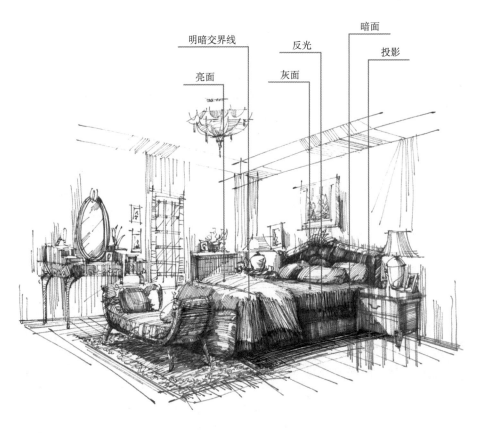

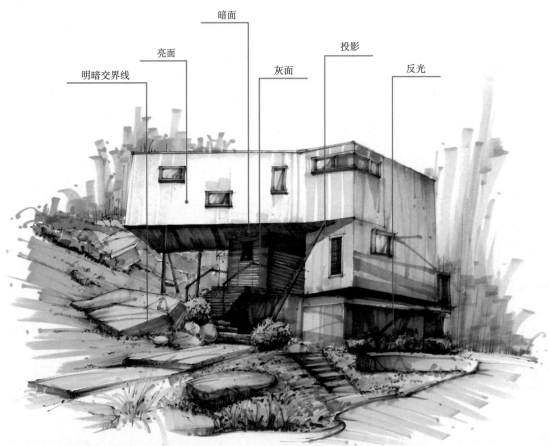

● 图 3-10　素描与色彩基础

● 图 3-11　自然光源和人造暖光源

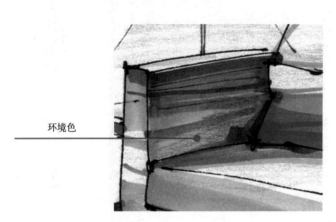

环境色

● 图 3-12　环境色的刻画

线给物体以坚硬的感觉，模糊的交界线给物体以柔软的感觉。

2）以上两张表现图在反映形体空间的层次关系上都有前景、中景、远景之分。在素描关系的处理上，前景刻画概括，但有一定细节。中景刻画详细。远景刻画时相较于前景更加概括。这样的处理方式能够使

画面产生出虚实、主次关系，从而体现出空间的层次感。在色彩关系的处理上则是通过色彩的冷暖及饱和度的变化来达到这一目的，前景在用色上不论是冷暖或饱和度都采用中间色调。中景在用色上偏重于饱和度较高的颜色。远景在用色上相较于前景采用偏冷并且饱和度较低的颜色。这样的处理方式遵循了现实空间环境中的色彩变化规律，使所设计的形体空间给人感受更为真实，空间前后层次更为丰富。

3.3　专业理论基础

环境艺术设计手绘表达之所以与一般的绘画形式不同，是因为除了它建立在科学的透视制图法则之上外，还有一个非常重要的特征，就是它所绘制的图像以表达设计概念思维为目的，带有一定的说明性。最能体现这一特征的是环境艺术设计中的平面表现图，立面、剖立面表现图和鸟瞰表现图的表达。这几种表现图都带有图解分析的特性，它们与透视图的表达互为补充说明，共同阐述设计的内容。

平面表现图：一个设计的进程通常都是从平面图功能的构思设计开始的，平面图的设计推敲过程是一个反复性和探讨性相互交替的过程。它是反映空间尺度、流线动向、功能组织划分、光照影响的最佳方式（图 3-13、图 3-14）。

立面、剖立面图：反映的是建筑空间轮廓、体量、尺度关系，整体与部分间的比例关系，细部处理及材料的选用。立面、剖立面图是对应平面图而生成，它是设计推敲过程中思维模式从二维空间转化成三维空间的重要衔接点（图 3-15~ 图 3-17）。

鸟瞰表现图：常用来展现较复杂空间的三维形态，表达空间形体、尺度关系和空间的组合穿插。鸟瞰图相较于其他透视图、剖立面图，重在反映宏观的设计面貌和组团关系（图 3-18、图 3-19）。

通过对以上带有说明性表现图的描述可以看出，想要在环境设计领域熟练运用手绘表达，就要对最基本的环境艺术设计专业理论知识有一定的认知，例如，建筑制图与识图、人体工程学、材料与施工工艺等。

手绘表达的最终目的并不是让人们看到画面有

多么的绚丽、表达技巧有多么的纯熟，而是通过手绘表达将设计思维客观地、准确地展现于画面之上，最终与委托方进行良好的沟通，将图纸变为现实空间。因此，掌握最基本的环境艺术设计理论知识有助于初学者更深入地理解手绘表达学习过程中的内容和明确学习手绘表达的最终目标。

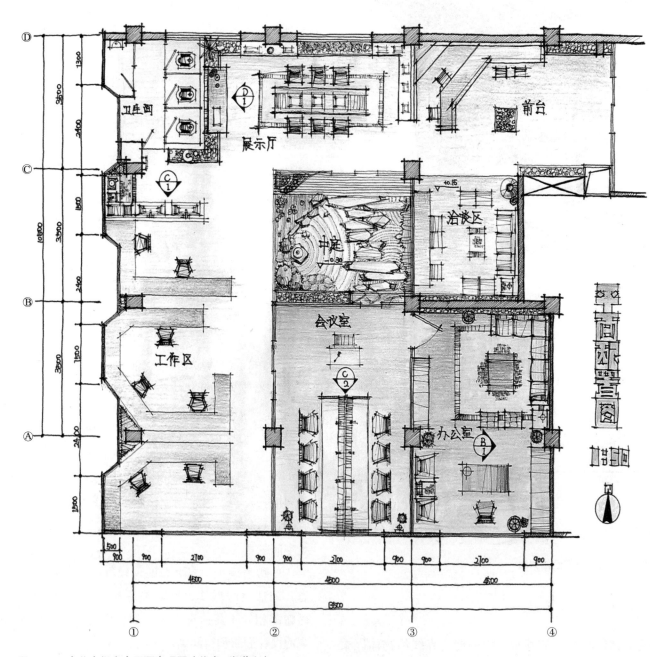

● 图3-13　办公空间室内平面表现图（作者：张潇文）

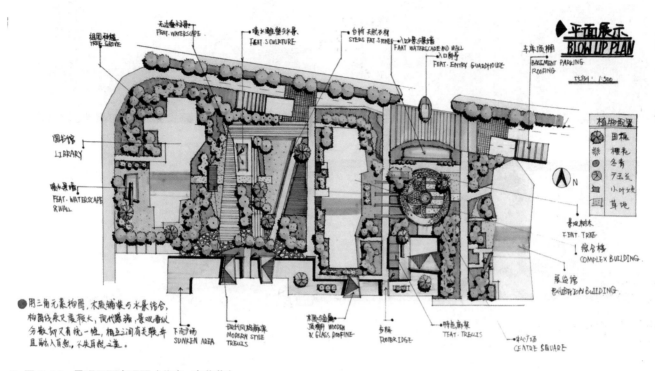

● 图 3-14　景观平面表现图（作者：李艺菲）

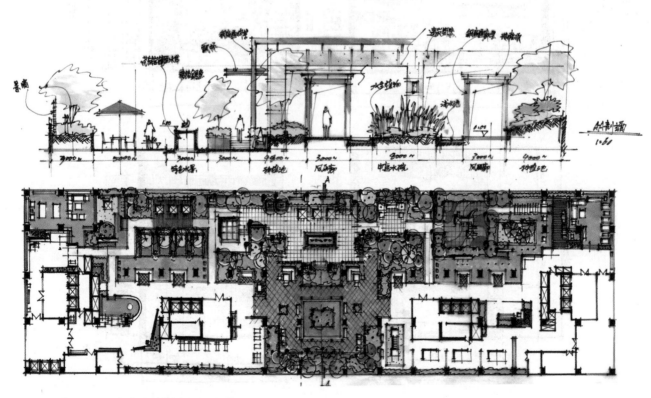

● 图 3-15　庭院剖立面表现图（资料来源：赛瑞景观）

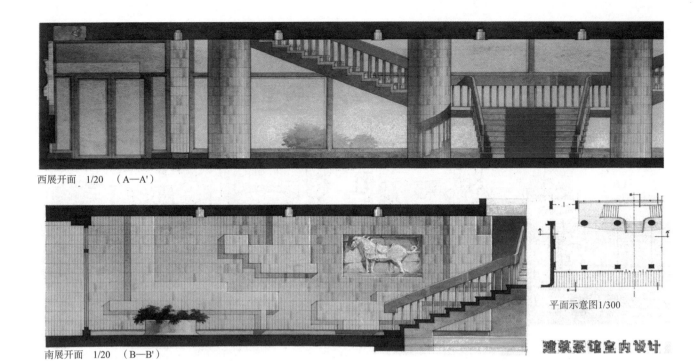

西展开面　1/20　（A—A'）

南展开面　1/20　（B—B'）

平面示意图1/300

建筑系馆室内设计

● 图 3-16　室内剖立面表现图（资料来源:《建筑绘画与表现》）

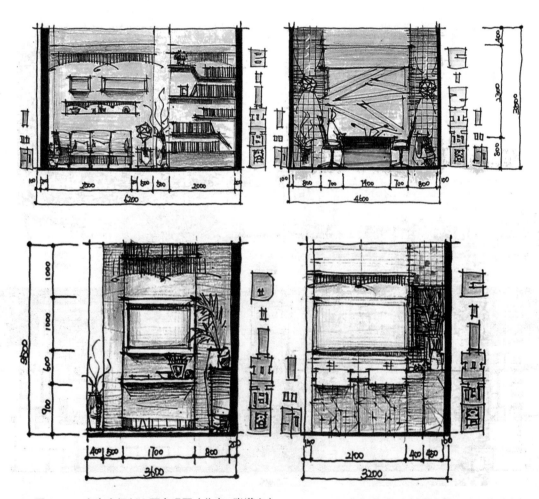

● 图 3-17　室内空间剖立面表现图（作者: 张潇文）

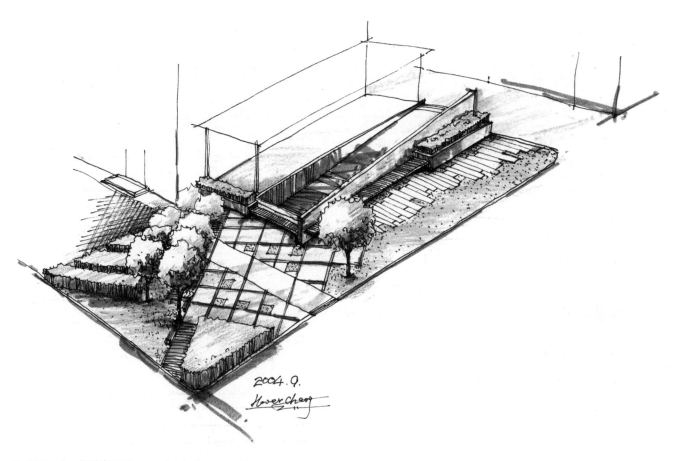

● 图 3-18　鸟瞰表现图

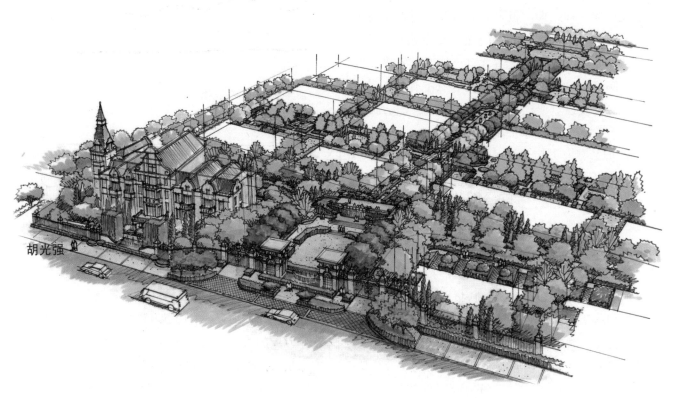

● 图 3-19　鸟瞰表现图（作者：胡光强）

第4章　环境艺术设计线形手绘表达

学习目标：通过具体实际的练习让学生快速掌握线形节奏，画出流畅生动的线形。为后续学习塑造形体打下良好基础。

线是手绘表达最基本的元素和语言，它能够准确地表现事物的轮廓结构、明暗关系和材质肌理。设计师在手绘表达过程中非常注重线形的美感韵律，线形表达的好坏，直接影响后续的上色环节和整体画面的效果。但是对于初学者来说要想把线形表现得有生命力、有韵味，这需要进行大量的练习。下面就通过几种不同线形的训练让初学者掌握基本的线形表达。

4.1　直线

直线在环境艺术设计手绘表达中最为常见，是使用最多的一种线形。很多的形体都是由直线构筑而成。因此，初学者应该熟练掌握直线的表达方式。

注意要点：① 找到最适合自己的握笔姿势。每个人握笔都有自己习惯的姿势，不用强求非要用哪一种姿势画线，只要让自己找到最舒适，能够画出流畅线条的握笔姿势就可以。

② 握笔不要太用力。在画线时手腕和指关节要放松，这样画出的线条才会变化自然。如果握笔太用力就会使手腕变僵，影响线形的流畅自然感。

③ 画线时要有起笔和落笔。从事环境艺术设计的工作者在画线时与从事其他专业方向领域的人所画出的线条有截然的不同，其明显的特征就是画出的每根线条不论长短、粗细、快慢、曲直，都能看到起笔和落笔（图4-1）。这样画出的线条会带有强烈的节奏感，肯定并有力，同时能明确地反映出表现对象的起承转折。没有起笔和落笔的线条会给人飘忽不定，没有张力，不肯定的感觉（图4-2）。

④ 画线时不要有断线，尽量一气呵成。从事环境

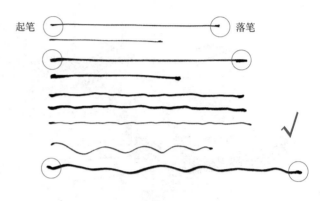

起笔　　　　　　　　　　　落笔

● 图4-1　画线要有起笔和落笔

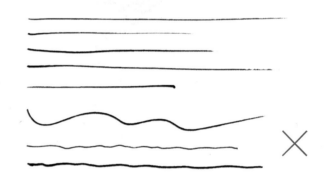

● 图4-2　线条飘忽不定

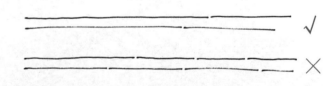

● 图4-3　线条过长可适当断开但不宜分段完成

艺术设计的工作者除了在画线时有起笔和落笔这一明显的特征外，还有一个特点就是画线时不论速度的快慢、力度的大小、线形的曲直，一般很少出现断线，大都是一气呵成，这样的线条会给人刚劲挺拔、流畅肯定的感觉。当然，如果线条太长，不好控制，可以将长线适当断开，但不宜分段完成（图4-3）。

1）平行直线

训练方法及要求：用钢笔或者水性笔在纸上画出间距在 4 毫米左右的平行横线和竖线。可以先画 20 根长度在 15 厘米左右的平行直线，训练到其中 15 根线条相对较直，间距较均匀时就可以逐渐增加画线的长度，最后可以用 A3 纸的短边或长边重复练习。这里所说的直线，并不是要求像尺子打的那么直，只要视觉上感觉直就可以，同时要求注意控制线的间距，保证线与线之间的平行，加强对工具的控制力（图 4-4）。

画线时速度和力度都要相对均匀。线条本身是千变万化的，轻重、粗细、刚柔都可以体现出线在画面中的变化层次。但是初学者在刚开始练习画线时通常都是从力度和速度相对均匀的线条开始画起，因为这种线相对比较好掌握，可以让初学者很快感受到速度和力度对线形的影响，为日后画出变化丰富的线条打下基础。

训练目的：练习平行直线可以让学生快速熟悉最基本的画直线方式，训练初学者对于画线力度、速度和形体准确性的掌握。

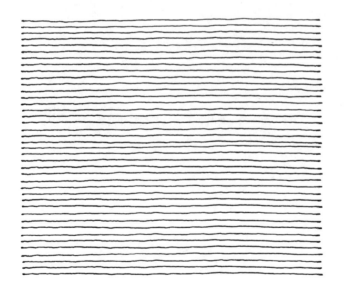

● 图 4-4　平行直线的训练

2）斜线

训练方法及要求：画出间距在 4 毫米左右，长度在 15~20 厘米的平行斜线。斜线可以按照 20°、30°、45° 60°、75° 等不同角度练习，并且可以变换不同的方向训练。画线时速度和力度也要相对均匀（图 4-5）。

● 图 4-5　斜线的训练

训练目的：斜线相较于平行直线较难把握，通过练习能够让初学者找到习惯的运笔方向，加强对线的控制力度，锻炼其观察力和强化画线的准确性。

3）快慢线

训练方法及要求：画出间距在 4 毫米左右，边长为 15 厘米 ×15 厘米的同心方形。先练习匀速线条的同心方形，再练习快速线条的同心方形，最后练习慢速线条的同心方形（图 4-6）。

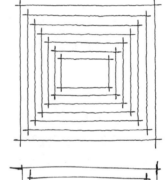

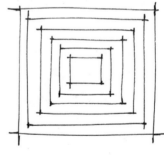

● 图 4-6　快慢线条同心方形

训练目的：方形是通过横竖直线围合而成形体，相较于自由的直线有一定的约束性。同心方形在练习上更加有难度。它能够加强初学者控制形体的能力，更加强化画线的准确性。快慢线的练习，可以让初学者体会不同速度感的线形所传达出的情感，找到适合自己的画线方式。

4.2　曲线

曲线在环境艺术设计手绘表达中也是运用比较

广泛的线形。它能够表现出活跃并具有韵律的设计形式。因此，初学者除了应该熟练掌握直线的表达方式外还应该不断训练对于曲线的表达（图4-7）。

注意要点：① 画线时要下笔有力度，运笔快速，一气呵成。曲线会给人富有弹性和张力的画面感觉，因此在练习画线时速度不应太慢，不能断线，或者出现描线的现象，这样能避免将线条画得呆板、无力，没有韧性。所谓描线是指画线连贯，但犹豫无力（图4-8）。

② 找到适合自己的运笔方向。在画曲线时，尤其是圆和椭圆，既可顺时针又可逆时针表现，不论使用哪种运笔方向，要以准确地表现形体为目标。

③ 曲线的表达是以一定的轴心作出的运动轨迹，腕关节就是绘制曲线的"轴"。因此画线时手腕要放 松。在表达连续曲线时，如果手腕太僵硬，画出的曲线就会僵硬呆板，缺乏飘逸灵动感，因此，在画线时尽量将自己的手腕放松，达到画线的最佳状态。

④ 画线时要有起笔和落笔。画直线要有起笔落笔，画曲线同样要有起笔和落笔。曲线同直线一样，也有节奏感的变化，尤其在画连续自由曲线时，这种节奏感就更加强烈（图4-9）。

1）圆、椭圆

训练方法及要求：用钢笔或者水性笔在纸上画出不同大小的圆和椭圆。训练30个以上后，当有20个形体相对准确时，就可以练习最大直径在10厘米左右，间距在5毫米左右的同心圆和同心椭圆。圆形并不需要像圆规画的那么圆，只要视觉上感觉圆就可以（图4-10）。

训练目的：这个练习可以让学生快速掌握表达曲线的基本方式，训练初学者对画曲线时的力度、速度和形体准确性的掌握。

2）弧线

训练方法及要求：画出4组不同方向，最长长度在12厘米左右，间距在5毫米左右的同心弧线（图4-11）。这里要强调的是，如果先从最大一个弧线开始画起，那么线的弧度要大，形体要尽量饱满。否则画到最后容易将弧线画成直线。

● 图4-7　曲线

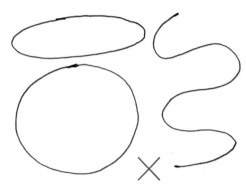

● 图4-8　描线会显得线条呆板僵硬

● 图4-9　画曲线不能没有起笔和落笔

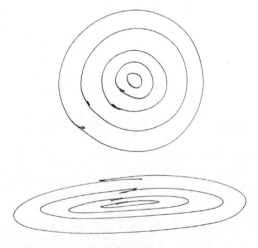

● 图4-10　同心圆和同心椭圆

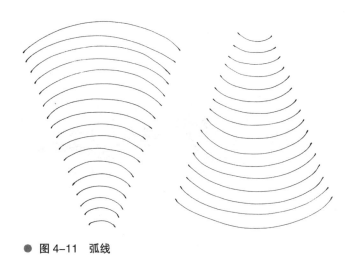

● 图 4-11　弧线

训练目的：不同方向、大小的弧线训练，可以锻炼初学者的线条控制力，强化画线的节奏感。为连续自由线的训练打下良好基础。

3）连续自由曲线

训练方法及要求：① 先用铅笔起稿，画出大小不同的、随意的曲线围合。然后使用钢笔或水性笔，在铅笔稿上将其勾画完成。这里要强调的是，在铅笔稿上勾画形体时，不要出现"描"的现象，要想画好，可以先观察清楚整个形体的弧线走向，下笔之前，可以将整个形体拆分成不同部分，分段完成。但是这里指的分段，并不是指画线时断开，而是在每一个弧线的转折处停顿，重新起笔画下一段弧线，这时的笔并不离开纸。这样画连续自由线的方法可以将过长过大的曲线形体表达准确，同时避免"描"的现象，让整个线形看起来肯定并且富有节奏和张力（图 4-12）。

② 画出最少 4 种，带有不同凹凸特征的连续自由曲线。当练习到用笔流畅自如，凹凸变化自然时，再练习将这四种不同特征的连续自由线围合成形（图 4-13）。

训练目的：连续自由曲线的训练相较于前面的训练难度较大，第一部分的练习可以帮助初学者掌握连续自由曲线的基本画法。第二部分的练习可以帮助初学者画出收放自如的曲线。这种线形常用于建筑景观设计中不同植物的手绘表达。

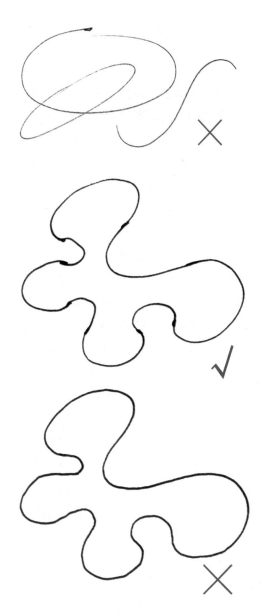

● 图 4-12　避免描线

● 图 4-13　自由曲线的训练

4.3 几何形体

设计思维的图面表达是由各种不同的形体来构成的，而不同的形体则是由各类基本的结构组成的，不同的结构以不同的比例、形态结合成不同的形体，所以说在手绘表达中最本质的东西是结构，它不会受到光影和明暗的制约，是形体在空间中的客观存在。几何形体的训练，是从线过渡到复杂形体的必要训练环节，为后续环境艺术设计单体手绘表达打好基础。

训练方法及要求：用钢笔或者一次性针管笔在纸上画出15组不同形状、不同数量的，带有透视效果的几何形体组合。可以先用铅笔打稿，从2个不同的几何形体组合练起，慢慢过渡到多个不同形状、不同复杂度的几何形体组合。这里要强调四点：第一，这15组几何形体组合里，既要体现曲直两种线形，又要体现出快慢线的感觉（图4-14）。第二，线与线之间要交接上。用线表达几何形体，核心就是表达其形体结构，这里的线指的就是结构线，如果线和线之间没有交接上，那么画出的就是一片散线，形体结构转折交代不清楚，而不能称之为形体。第三，线的交接方式有两种，一种是线与线无出头的交接方式（图4-15）。另一种是线与线有出头的交接方式（图4-16）。前者可以表现出严谨的画面风格，后者可以表现出随意洒脱的画面风格。第四，所有形体的组合都要表现出投影，光照角度可以自定。这个练习虽然不要求画出几何形体的光影效果，但是必须将投影的大体轮廓画出。

训练目的：通过这个练习首先可以训练初学者用线控制形体的能力，同时能够巩固初学者的透视基础。其次，几何形体组合所产生的不同线形，可以加强初学者对各种线形的统一性表达。最后也是最重要的一点，这个练习可以激发初学者的设计思维，提高、锻炼初学者将设计思路转换成图形表达的能力。

● 图 4-14 几何形体的训练

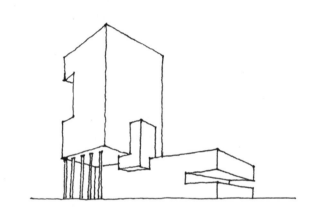

● 图 4-15 线与线交接无出头

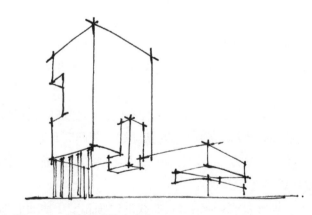

● 图 4-16 线与线交接有出头

第5章 环境艺术设计单体手绘表达

学习目标：重在训练学生对物体的材质、体积、色彩的表达以及对简单空间的绘制能力。提高学生对画面的高度概括和分析组织能力。逐步向整体空间手绘表达过渡。

在环境艺术设计手绘表达中，不论是建筑室内空间还是建筑景观，都是由不同性质的单体组合而成，练习这些单体的手绘表达能够让初学者初步掌握其表现方法，同时它也是收集各种环境艺术设计配景资料的有效途径。单体手绘表达的训练是环境艺术设计手绘表达的初级阶段。

5.1 基本形体的手绘表达

在第4章的4.3小节里练习了用线形表达几何形

体，其目的是将形体的轮廓、结构表达准确。而这一章节练习的主要目的是将形体的材质、体积、色彩生动清晰地表达。

1）面的表达

线构成面，面构成体。要想将物体的材质色彩表达生动形象，就要先掌握面的基本表达方式。

（1）面的材质表达

训练方法及要求：

① 用钢笔或者一次性针管笔在纸上画出4厘米×4厘米的正方形若干个，将木、石、草、砖、水、沙、织物、玻璃这几种质感在不同的方形里表现出来（图5-1）。

② 另外画出边长为6厘米，带透视效果的正方形若干个，同样将木、石、草、砖、水、沙、织物、玻璃这几种质感表现到不同的方形里（图5-1）。

训练要点及目的：主要训练初学者用线形表达不

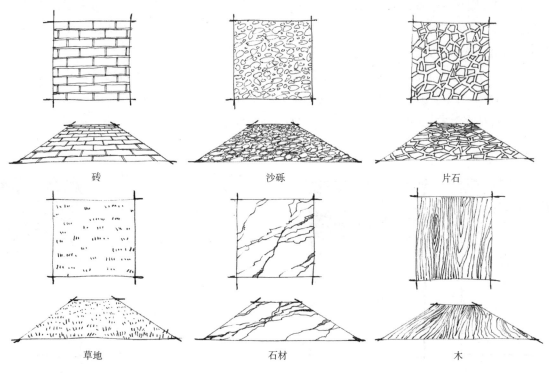

砖　　　　　　　沙砾　　　　　　　片石

草地　　　　　　石材　　　　　　　木

● 图 5-1 面的材质表达

1.直线　　　　　　　　　　2.快速扫笔　　　　　　　　　3.不同方向随意排线

● 图5-2　马克笔排线练习

同材质的平面效果，要注意观察每种材质的形体及肌理特征，尽量用最概括的线形语言表达准确。

第二个小练习相较于第一个增加了难度，除了要用最概括的线形语言表达出不同材质的特征之外，还要表现材质的透视变化。如果将这一点表达不准确，那么结果就是材质不能很好地和形体结合。

这个训练中的几种材质在环境艺术设计中较常运用。此练习能够锻炼初学者的观察能力和形体的概括能力。

（2）面的色彩表达

训练方法及要求：

①根据图 5-2，用马克笔依次画出直线、快速扫笔、不同方向随意笔触的排线。

②用钢笔或者一次性针管笔在纸上画出4厘米 × 6厘米的长方形，用单色马克笔将其着色，要表达出由明到暗的光影效果。练习 20 个以上后，用同色系但明度不同的两根马克笔重复训练（图 5-3）。

③用钢笔或者一次性针管笔在纸上画出6厘米 × 6厘米的正方形，用单色彩铅将其着色，要表达出由明到暗的光影效果。练习 20 个以上后，用同色系但明度不同的两根彩铅重复训练（图 5-4）。

训练要点及目的：这个练习是训练初学者如何运用马克笔和彩铅给形体中的面上色。马克笔和彩铅由于着色性质较为互补，因此是环境艺术设计手绘表达使用工具中较为常见的一种组合方式。马克笔和彩铅都属于硬质笔头，它们在表现形体的明暗、色彩关系时都会有强烈的笔触，因此如何运用这些笔触表达形体是这个训练的主要目的。

第一个小练习是训练初学者熟悉马克笔的用笔方法。马克笔用笔讲究快速、干脆利落，直线是常用的排笔方式，在用笔时注意起笔和收笔，用力均匀、不宜拖泥带水。扫笔的用笔方式可以表现一些特殊材质。起笔和落笔时要重起轻收，快速运笔。用快要没水的马克笔效果最佳。不同方向随意笔触的用

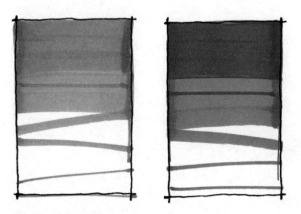

● 图5-3　单色与双色马克笔上色

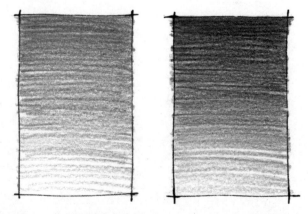

● 图5-4　单色与双色彩铅上色

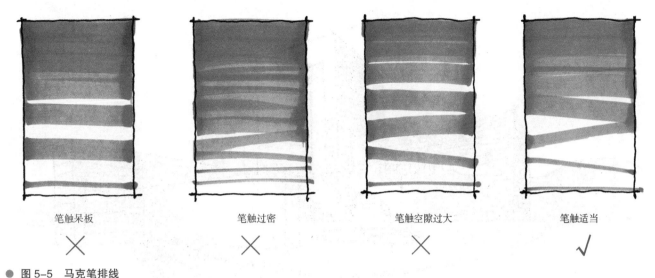

笔触呆板　　　　　　笔触过密　　　　　　笔触空隙过大　　　　　　笔触适当

× 　　　　　　　× 　　　　　　　× 　　　　　　　√

● 图 5-5　马克笔排线

笔方式常用来表现不同形状的植物，在运笔时要将笔头多变换角度。

　　第二个小练习是训练初学者如何用马克笔给面着色。先从单一色的排笔开始练习，从图 5-5 可以看出，第一幅图中过于平均的笔触会给人呆板的感觉；第二幅图中笔触过密会显得画面脏乱没有秩序；第三张图中笔触之间空隙过大，会使得面的色彩表现不连贯，颜色不能很好地贴合形体；而第四张图的排笔方式较为适合面的光影表达。这里要强调一点，马克笔排笔有一个原则，就是用最少的笔触塑造形体，这也是为什么大多数人认为用马克笔作图较为快捷的原因之一。同色系明度不同的两根马克笔可以表现较为丰富的色彩变化，用多根笔上色时，一般先浅后深，要想不同色彩的衔接和过渡较柔和，就不能等到第一遍色彩干透再上第二遍颜色，两个色的衔接要快速。马克笔的叠加最多不能超过三种不同色。否则颜色会脏。

　　第三个小练习是训练初学者掌握彩铅的上色方法。彩铅上色一般采用的排线方式是平行线或斜交叉线密排。上色时用笔力度的大小可以产生色彩深浅的变化。要强调的是，彩铅上色不要用涂抹的方式，要根根笔触清晰，否则会使画面显得呆板没有层次，并且不容易叠加其他颜色。

2）体的表达

　（1）体的光影表达

　　训练方法及要求：用钢笔或者一次性针管笔在

纸上画出 2 组带有透视效果的几何形体组合。每组里最少有 5 个不同的几何形体。先选一组几何形体用单色马克笔表达出几何形体的光影效果（图 5-6），再选另一组用不同色系、不同明度的马克笔表达出

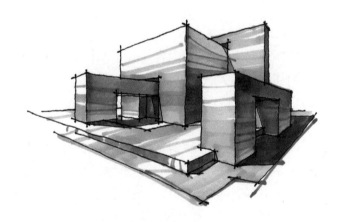

● 图 5-6　单色几何体的光影表达

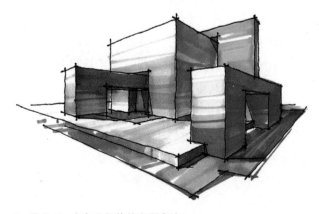

● 图 5-7　多色几何体的光影表达

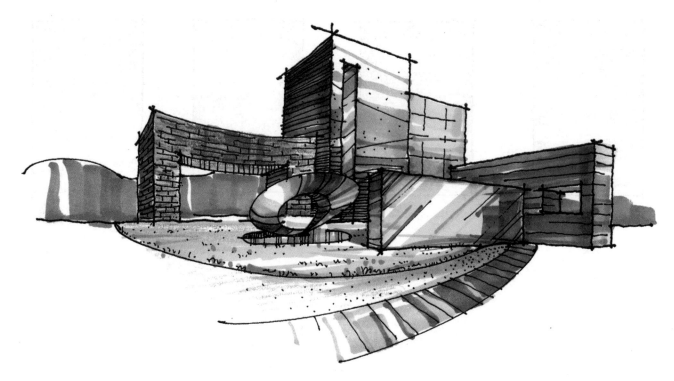

● 图 5-8　几何体的材质表达

几何形体的光影效果（图 5-7）。

　　训练要点及目的：这个练习是可以让初学者强化对画面体积与光影关系的理解，初步掌握画面黑白灰的空间关系。熟悉掌握马克笔的上色方法。

　　（2）体的材质表达

　　训练方法及要求：用钢笔或者一次性针管笔在纸上画出 4 组带有透视效果的几何形体组合。每组里最少有 5 个不同的几何形体。综合运用钢笔、马克笔和彩铅将木、石、草、砖、水、沙、织物、玻璃、金属这些质感表现到这 4 组几何形体中，可以自由选择组合方式（图 5-8）。

　　训练要点及目的：这个练习首先可以训练初学者对使用工具的综合运用，不同的工具可以表现出不同的画面特性，发现这些特性可以帮助初学者形象生动地表达形体空间。其次，这个练习帮助初学者理解材质、色彩在形体上的运用。每一种材质除了具有特殊的肌理外还有其自身的颜色属性，将色彩与材质结合，塑造形体是掌握手绘表达的关键因素。

5.2　建筑室内及建筑景观空间设计中的单体手绘表达

　　不同的单体是构成环境艺术设计表现图的重要组成部分，单体可以增加画面的氛围感，与室内外的各个立面共同营造统一的环境设计空间。任何空间艺术设计的目的除了基本的功能性要求外，更多的是满足精神上的诉求、满足最基本的审美法则，因此单体表达在空间中必须依照美学的原理，通过艺术的设计，明确主题、合理布局、分清层次、协调形状和色彩，才能产生清新明朗的艺术效果。体量较大的单体，它们的风格样式往往占据空间的主导地位，生动的单体可以在画面中起到画龙点睛的作用。单体表达的恰当与否，直接影响表现图的最终视觉效果。

　　单体的表达是以功能合理为前提，以画面的艺术美为表现目的，因此必须通过一定的形式，使其在整体画面中体现构图合理、色彩协调、形式谐和的基本原则。

1）构图合理

无论室内空间还是室外空间，从美学角度诠释其设计就必须强调构图的重要性。构图是将不同形状、色泽的单体按照一定的形式美法则组成一个和谐的空间，使参与者有明显的审美愉悦。构图是单体在空间中布置的核心问题，在设计表达时必须注意两个方面：其一是布置均衡，以保持稳定感和安定感。这种稳定感源自视觉体量上的均衡，不一定仅仅是同样规格的对称布置。其二是比例合度，体现真实感和舒适感，即注意各单体之间的体量关系相协调，同时其尺度要与空间场所比例适应。

2）色彩协调

色彩是人视觉最敏感的因素之一，它对人的影响力往往超过造型本身。作为空间中的各个单体必然也是以各种丰富的色彩存在的，在室内外空间表达中协调好这些色彩具有举足轻重的作用。设计表达时要确定空间大的色彩基调，对单体中部分跳跃的色彩应当作适量的控制，避免整个画面混乱而缺乏主次。

3）形式谐和

形态是室内外空间中单体选择与组织的最关键环节，无论是室内的家具选择还是室外景观植物的处理，首先反映出的都是他们的形态特征。在进行设计构思与表达时，首先要根据空间的特征选择合适的单体，同时根据各单体的形态特征，选择合适的摆设形式和位置，努力作到整体空间的和谐统一。

要想将单体表达准确生动，首先要用手绘表达的方式收集不同功能性质的单体资料，时刻掌握最新的各类单体设计思潮是单体表达的根本。在建筑室内空间设计中常用的单体按照功能可以分为：家具类、家用电器类、灯具饰品类、室内植物类等。

（1）家具（图 5-9）

家具是每个人日常生活不可缺少的必需品。它关系到人的各类行为活动，是室内设计中必不可少的组成部分。它们放置在室内，往往决定了空间的布局划分；同时家具还具有较强的时代与地域特征，是室内空间风格定位的重要组成，因此熟悉家具的类型是室内设计表达不可或缺的环节。按风格特征，我们可将家具分为：现代家具、欧式家具、美式家具、中式家具等；按材料工艺分为：实木家具、软体家具、藤编家具、竹木家具、金属家具、皮制家具、钢木家具等；按功能分为：办公家具、客卧家具、儿童家具等。

在进行室内设计表达时，要按一定空间功能及设计需要进行放置，不可张冠李戴。首先，要根据空间的风格特征选取适当风格的家具样式；其次，注意不同家具在空间中摆放的位置必须合理；第三，注意家具的材质表达，合理地区分玻璃、金属、布艺、皮质等的材料特征。

（2）家用电器（图 5-10）

家用电器是家庭及人类活动所使用的各类电子器具，在对应工业电器时也称民用电器。随着各类电器的普及化与生活化，越来越多的家用电器已经不单纯是家庭生活空间中的必需品，更多与人活动相关的办公、娱乐、售卖等空间都存在着各类家用电器。对家用电器的分类各国还存在一定差异，根据外观色彩一般分为：白色家电、黑色家电等；根据功能用途可以分为：制冷换气类、清洁保健类、厨房电器类、文化娱乐类等。

家用电器是每个空间的细节反映，是室内空间性质的强化。如办公空间的电脑、娱乐空间的电视等，它们与室内家具相辅相成，共同反映出空间的特征。同时，家用电器也大大丰富空间的内容，使空间变得更具生活气息。另外家用电器一般都会采用塑料外壳，所以适时地控制物体的反光，把握好塑料材质的表达也尤为重要。

（3）灯具、饰品（图 5-11）

灯具与陈设都是室内空间表达不可或缺的组成部分，在空间中体量较大，往往是空间的视觉焦点，其中灯具类对空间影响较大的是吊灯、吸顶灯、落地灯、台灯、壁灯等。灯具是室内设计风格的重要组成部分：欧式、现代、中式、美式等不同风格的灯具对环境氛围的烘托至关重要。

需要注意的是吊灯、吸顶灯作为顶面空间的重要组成部分，需要设计师着力刻画。另外落地灯、台灯、壁灯光源常见为暖色，其照射出的环境光必然会作用到周围物体上，在设计表达时不可忽视，影响了画面的真实感。

● 图 5-9　家具

● 图 5–10　家用电器

● 图 5-11 灯具、饰品

　　饰品泛指室内设计表达过程中出现的装饰艺术品。它包括室内布置的工艺品、字画、各类织物等，装饰艺术品的摆放要充分考虑其功能特征，结合室内空间特点选择合适的造型、色彩、规格及放置位置等，注意协调饰品与周围环境的疏密节奏关系，不可有堆砌之感，宁缺毋滥，做到风格统一。

　　（4）室内绿植（图 5-12）

　　室内植物作为现代人类美化生活、净化空气、达到人与自然亲密接触的重要手段，在现代的室内空间设计中有十分重要的作用。在对室内空间表达的植物布置中，装饰绿化对空间的构造也可发挥一定作用，因此我们更要着重考虑大、中型绿色观叶类植物在空间中的位置关系，掌握其基本的结构特点和表现方法。同时对植物的设计不能停留在某一局部的装饰效果上，需要结合整体空间考虑。

　　室内空间由于大多数建筑结构的影响，普遍会出现线条呆板的现象，曲线化的植物枝、叶就是破除这一问题的较好方法，同时植物叶、花明快的自然色彩，自身大小、高矮可以调整空间的比例感，充分提高室内有限空间的利用率。更可以改善过多人工环境中的乏味，活跃空间气氛，使空间变得生意盎然。如根据人们生活活动需要运用成排的植物可将室内空间分为不同区域，攀缘上格架的藤本植物可以成为分隔空间的绿色屏风，同时又将不同的空间有机地联系起来。此外，选择适宜的室内观叶植物来填充房间内的"死角"，既弥补房间的空虚感，又能起到装饰作用。

　　在建筑景观空间设计中常用的单体按照功能可分为植物、山石水景、景观小品、人物汽车几类。

　　（1）植物（图 5-13）

　　植物是地球上生物存在的主要形态之一，世界上现存植物约 30 余万种，它们是人类生存世界的重要组成部分，可以说人类的建造活动从一开始就是建立在对自然界环境的改造之中的。

　　我们大致将与环境空间表达相关的植物划分为：乔木、灌木、草本三大类。作为建筑景观设计的重要组成部分，我们每一空间的表达中都缺少不了植物元素的存在。因此我们必须在设计表达中重点对待各类植物元素。首先，对树木的表达需要学会归纳分析，树木按形态结构归类为干、枝、冠三部分，

● 图 5-12　室内绿植

● 图 5-13　植物

其中树冠由树梢和树叶两个组团组成，它们之间千差万别决定了树的基本形态，区分和归类不同类型的枝干、树冠，就能较为准确地反映树木特征，在学习中要充分学会观察、概括、分析不同树木所表现出的形态特征，学会取舍。其次，注意前景、中景、后景植物的表达方式的差别，同时在绘画过程中还要充分考虑植物与环境中其他设计要素的主次关系把握。

（2）山石水景（图 5-14）

山石水景是自然界的环境元素，也是我们景观环境设计的重要组成部分。中国在造园活动的初始就是以模拟自然、再造自然为基本法则，从秦汉一池三山造景手法对自然的学习到明清叠山理水的造园理论成熟，山水一直是景观园林设计表达的重要组成。

石的种类很多：太湖石、灵璧石、青石等色彩纹路各不相同，其画法则根据具体形态有着较大的差别。不同的空间特征，考虑好适当的表达方法。另外石头的质地坚硬，如何能将材料的力度表达出来也是景观设计表达的重中之重。首先，需要了解石头的纹理走

● 图 5-14　山石水景

势特征，准确地表现出明暗交界线位置，下笔肯定有力度；其次，在描绘外轮廓线时，切记不可勾得粗细均匀、没有顿挫转折、缺乏变化；学习中国山水画中对山石的描绘方法，借鉴《芥子园画谱》等中国传统绘画经典范本，如"石分三面"、"皴擦"的技法等。

水景在景观园林中常常起到贯穿全景、活跃景观氛围的作用。按水面运动的情况可以分为：动态水景和静态水景，其中动态水景包括：喷涌、跌落、流淌、垂落等；按营造模拟的形态可以分为：人工水景和自然水景等。水的形态取决于其外力的作用，因此对水的载体的描绘直接反映出水的形态特征，设计师一定要仔细观察总结。其次，水景的动静表现要反映在水面的处理上：静水水面平和如镜，倒影清晰可见且没有波纹；动水则依据水流的缓急在水面上留下大小不一的波纹，处理好波纹也就能处理好动水的表达。另外，水面本无色彩，更多的是倒影呈现的环境色，如蓝天的色彩、植物的色彩等，因此一般靠近岸边的水面色彩呈现偏绿的色彩，远离岸边的水面色彩呈现偏蓝的色彩。

（3）景观小品（图 5-15）

景观小品常常是以构筑物的形式出现，多为体量较小、功能相对单一的各类景观设施等。景观小品是景观设计表达画面的主体，是景观节点的主要内容所在，在整个景观环境中起到活跃气氛、画龙点睛的作用。常见的景观园林小品有：景墙、花架、花坛、廊架、休息亭、景观雕塑、休息椅、庭院灯等。景观小品往往不是孤立存在的，在进行表达时要注意小品与周围环境的关系，既要相互衬托又不可喧宾夺主。

（4）人物汽车（图 5-16）

人物和汽车都是室外环境中重要的配景元素，作为交通活动参与的载体，它们的疏密与位置可以起到标示出入口、指向主要交通流线的作用。

人物的表现常常以夸张的形式出现，一般头小身长，头身比多为 1∶8 ～ 1∶10。一般在画面中人物根据远、中、近景的不同，采用不同的处理手法。其中：远景强调概括地描述出人物的动态特征，中景需要较为清晰地反映出人物性别、职业、年龄、面部轮廓特征，前景则更突出细节的描述，需要较为清晰地刻画服饰、衣帽及面部特征。另外人物的职业特征及在画面的位

● 图 5-15　景观小品

● 图5-16　人物汽车

置也需要斟酌处理，以满足空间性质的需要。

　　汽车对环境氛围的渲染极为重要，繁华的街道车辆来往穿行、清幽的小巷则适合停靠一两辆于路边。在绘制汽车时需要注意：首先，车辆与人、环境空间的比例准确；其次，交代清楚车身的外观结构特征、线条干净整齐；第三，注意车轮轴的位置定位，车轮透视准确，车轮大小可以适当夸张。

5.3　建筑室内及建筑景观空间设计单体手绘表达步骤

1）室内空间单体手绘表达步骤概述

　　步骤一：

　　根据合理透视关系，用一次性针管笔或其他硬质笔类勾画出物体的形体结构，在线形的运用及表现上要注意物体材质的特征。如桌子、柜子等坚硬质感的物体在线形表现上一般采用较为平滑并且硬挺的直线，线形干脆利落（图5-18、5-19步骤①）；而柔软质感的物体，比如沙发、床单、抱枕等一般会用带有弧度的线条，根据物体的膨松程度或褶皱方式进行表达，勾画出的线条相对柔软、有弹性（图5-17、5-20步骤①）。

　　步骤二：

　　运用马克笔将物体的固有色铺画出来，并且依据室内光影关系，由线到体将物体体积感大致塑造出来。这一步的着色需要注意几点：第一，除了本身固有色较深的物体，一般先要将物体的亮面留白、暂不上色，以保证画面的轻松感，也为后续的画面

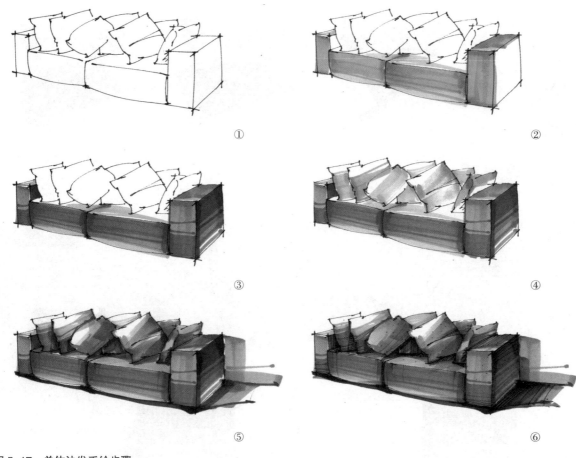

① ② ③ ④ ⑤ ⑥

● 图 5-17　单体沙发手绘步骤

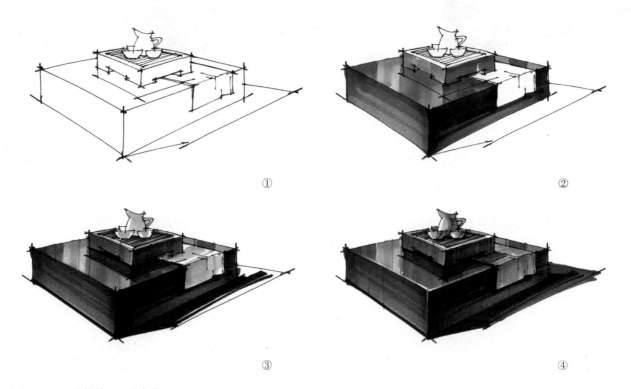

① ② ③ ④

● 图 5-18　单体茶几手绘步骤

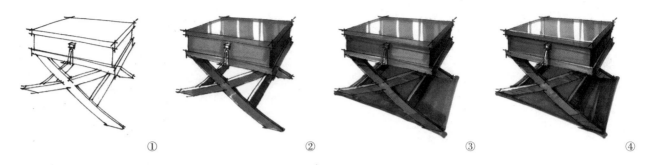

● 图 5-19　单体床头柜手绘步骤

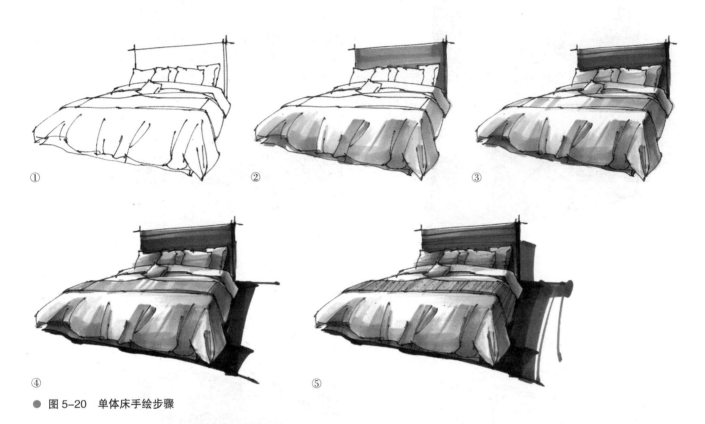

● 图 5-20　单体床手绘步骤

调整留有余地。第二，马克笔的排笔方式要与物体的质感相符合，一般在硬质物体的表现上，马克笔的排笔方向与物体结构相一致，出笔的速度相对较快，线形平滑肯定（图 5-18、5-19 步骤②）。而软质物体一般会根据物体的形体、膨松程度或褶皱方式进行排笔，速度也相对较快，以便保持色彩的通透性。线形有时会根据物体的柔软及褶皱方式进行扫笔，以突显物体质感，（图 5-17、5-20 步骤②、③）。第三，注意硬质物体的反光。一般在画反光时，马克笔排笔方向会与反光方向相一致（图 5-18、5-19 步骤②），这一步骤的上色切记拖泥带水，尽量不要

将马克笔在同一部位反复叠加，这样会让色彩过闷、不通透。

　　步骤三：

　　运用马克笔将物体的体积、光影关系及色彩关系继续深入刻画。在这一步骤中，注意以下几个问题：第一，在表现物体体积及光影关系时要将物体的每个面表达准确，例如落笔时脑海里需要清晰地知道自己刻画的是暗面还是灰面，注意区别两者的素描关系，一旦刻画混乱，物体就无法产生体积感和正确的光影关系。另外，如果刻画暗面，那么需要考虑是否要给暗部的反光留下后续刻画的余地，如

图 5-18 的暗面。再例如软质物体的褶皱处的刻画，要注意落笔的位置，是否正确地画在了明暗交界线、暗面等位置上，刻画准确才能使物体的质感生动形象，如图 5-20 所示。第二，在表现物体的色彩关系时，要注意用色的准确以及物体之间的配色关系（大家在购买马克笔时会发现，同一种颜色一般会分为冷、暖、中性三个类别，例如红色就分为泛紫色的冷红、泛咖色的暖红及正红色这些类别），在单体着色过程中，对同一物体的各个面着色时尽量选择同一色系、同一冷暖的色彩，这样能够确保物体色彩的统一性，准确地表达其色彩关系。在遇到多个物体组合时，如图 5-17 中的沙发与抱枕，要注意主体与其他单体的配色关系，一般以画面冷暖关系、明度、饱和度关系协调突出主体为原则进行配色，这需要初学者有良好的素描及色彩基础。

步骤四：

在完成物体基本的光影及色彩关系后，需要最后对物体进行详细地刻画，并对画面进行最后调整。在对物体进行详细刻画时，除了运用马克笔增加色彩的层次感外，还可以运用较细的针管笔和彩铅将物体的体积、材质、纹样等进行深入刻画，使画面的层次感和生动感加强。如图 5-17 中抱枕的投影部分，图 5-20 中的床背的材质。

在对画面进行最后调整时需要注意几点：第一，物体的光影关系、素描关系是否正确与突出。第二，物体有无环境色影响。第三，是否还能将物体的质感深入刻画。做到以上几点，这组单体的表达才算完成。

2）景观单体手绘表达步骤概述

步骤一：

选择适合的构图，用一次性针管笔或其他硬质笔类勾画出物体的形体结构。景观单体一般分为自然景观单体（如：树、石、水等）和人造景观单体（如：公共家具、景观雕塑等），因此在这个步骤对于两类单体要区别对待。在勾画自然景观单体时一定要在前期多观察，例如植物，要观察它的生长规律、叶片形状、树枝及树冠的形体特征，这样才能将物体刻画得生动形象。如图 5-21、图 5-22 中大叶片与小叶片的线形区别，以及植物生长形态的区别。在刻

①

②

③

④

⑤

● 5-21　单体灌木手绘步骤

① ②

③ ④

⑤ ⑥

● 图5-22　单体乔木手绘步骤

画人造景观单体时，多与室内单体相一致，在线形的运用上要注意物体材质的特征，这一步可参考图5-23步骤①。

步骤二：

运用马克笔将物体的体积、光影关系由浅入深地铺画出来。这一步要对自然景观单体和人造景观单体区别对待，人造景观单体可参考上一小节的室内空间单体的手绘步骤，自然景观单体与人造景观单体上色有所不同。由于自然景观的形体结构相对自由，因此在上色时应顺着其生长方向排笔，注意留白切勿用笔过于死板。自然景观单体多由浅入深进行着色，这样可层层增加物体的体积感及层次感，尤其是树木，可将其茂密的感觉刻画到位。

步骤三：

运用马克笔将物体的体积及质感深入刻画

由于很多自然景物单体的形式结构比较自由，因此在深入刻画的时候可将其形体简化为一般几何体，这样便于理解和刻画，如图5-22可将其简化为由上下两个大小不同的球体组合的一个大的球体，这样在刻画时不仅要将大的球体表现出体积感，还可在其基础上将树冠的层次感体现出来，这一步骤也要注意排笔的方向，尽量不要将笔触画得过于呆板。马克笔在层层叠加上色时一定不能画得过满，要给下一次色彩的

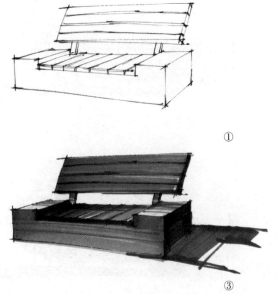

①

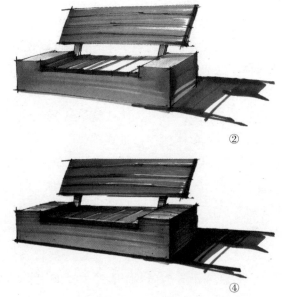

②

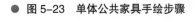

③ ④

● 图5-23　单体公共家具手绘步骤

上色留存空间，否则最后色彩看上去容易发脏。

步骤四：

将物体的体积及质感基本刻画完成之后，进入物体的最后深入刻画阶段。这一步同室内空间单体手绘表达步骤四相同，需要运用马克笔、针管笔或彩铅将物体的质感、层次感、体积感深入刻画。在用马克笔刻画体积时，最深的色彩一般只在明暗交界线的部位，不可画得过多，否则既无法达到增强其体积感也会使画面过闷。在最后阶段也可适当增加环境色使画面协调生动。

3）室内外单体组合手绘表达步骤及要点

在前一、二小节介绍及示范的是单个物体的表达步骤，适合初学者继线形几何体后，初次涉及表达真实物体的练习。但是只会表达单一物体还远远不能达到完成整体空间的塑造能力。因此，多个单体的组合手绘表达训练是向整体空间表达过渡的必要途径。这一阶段，既能对前期手绘素材进行整合，也能提高自身手绘表达主观能动性。本节所选用的三组单体都是以上一章节的单体为素材进行组合，以便更好地给初学者示范单体组合表达要点。室内外单体组合手绘表达大体总结为以下步骤。

步骤一：

用针管笔或钢笔起形。初学者在起形时可先用铅笔将形体结构大致勾勒出来再上墨线。如用钢笔起形，应注意选择专用绘图墨水，这样能防止后期马克笔上色时洇墨。

表达要点：

①选择合适的透视角度进行图面表达，以传达完整设计思维为透视角度选择的最终目的，保证画面生动不呆板的同时突出主体。

②收集、选择合适的单体，根据设计和画面构图的需要，增加或改变单体形态，如图 5-24 中的沙发，在收集的素材中可能只有一个两人位沙发，但是为了满足设计和画面的要求，可以适当发挥自己的主观能动性，在注意形体特征统一的同时，将单个沙发增加为多个。其次，改变物体形体结构，也是单体组合手绘表达时常用的方法，如图 5-24 中的茶几，是为了增加画面细节，使画面更加饱满。

③注意各单体之间线形表达上的统一与节奏关系，如图 5-26 中的植物，根据叶片大小及远近关系，其线形的节奏与疏密都不相同。

步骤二：

将各单体的主要明暗关系以由浅到深的顺序先后着色。这时注意笔触要快速干脆，速度过慢色彩看起来发闷、不透亮。排笔时尽量选择大笔触，用最少的笔触画出最大的面，为后续刻画细节留出空间。

表达要点：

①在画成组单体时，可以先选择构图中的主要物体进行着色，这样可以确定画面的主色调，为整体画面的配色打好基础。

②在色彩搭配时，除了设计上的特殊要求外，一般画面色彩大都采取冷暖均衡的配色原则，尽量避免画面整体过冷或过暖。因此在主要物体的色调确定好之后，根据冷暖均衡的比例进行其他次要物体的着色，如图 5-24 中的沙发，主色调为中黄色，属于暖色系。在地面色彩选择上，采用蓝色系调节画面。但这里要注意的是，如果主要物体是暖色系，就算其他物体采用冷色系调和，画面也尽量选择冷色系中偏暖的色彩，例如图 5-24 中的地板是偏暖的蓝色，茶几也是偏暖的灰色；如图 5-25 中整体色调为暖棕色，地毯色彩选择暖绿色调节画面；如图 5-26 中为了让整体画面不会过冷，在小灌木的色彩上选择了偏冷的红色调节画面。

③注意画面物体之间色彩的呼应，是调节画面冷暖关系达到色彩均衡的有效方法。如图 5-24 中的地面与抱枕的色彩呼应；图 5-25 中床上饰品与地毯的色彩呼应。

步骤三：

继续对画面进行深入刻画。这时要注意物体之间的主次变化，注意对物体体积感的塑造。

表达要点：

①尽量刻画出画面主要物体丰富的层次感和对比度。尤其是对于景深较大，层次较多的画面，这样可以突出画面的主次关系及景深关系。如图 5-26 前景植物与远景植物在层次感和对比度上都有所区别，这样能将画面的进深感表达出来。

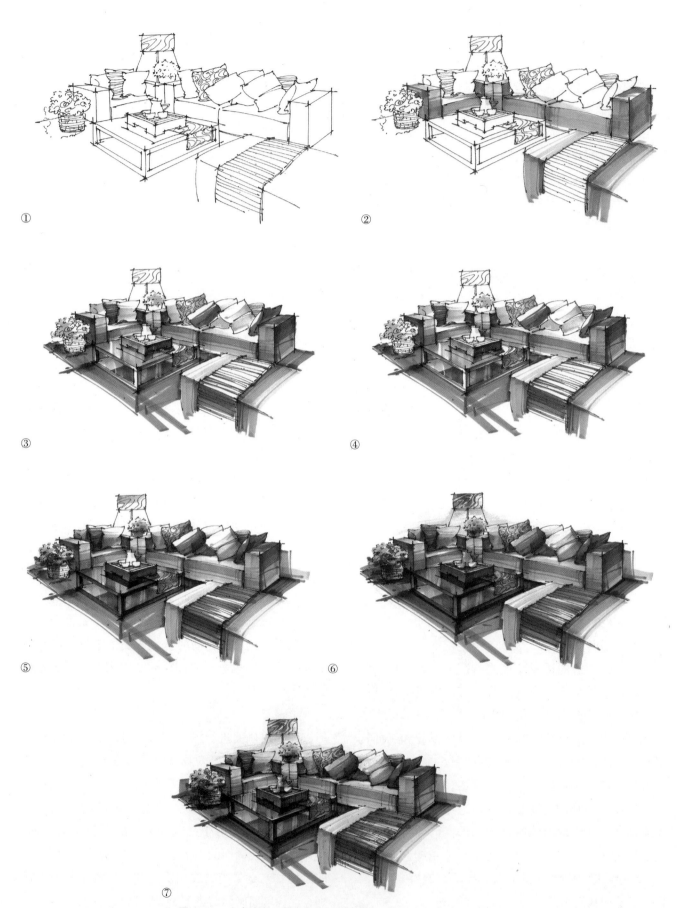

① ② ③ ④ ⑤ ⑥ ⑦

● 图5-24 室内沙发、茶几组合手绘步骤

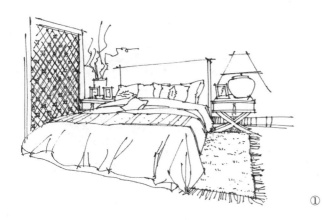

①

②

③

④

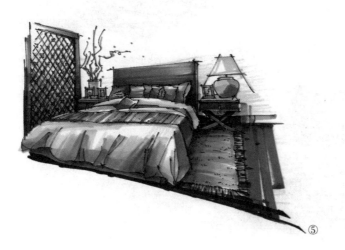

⑤

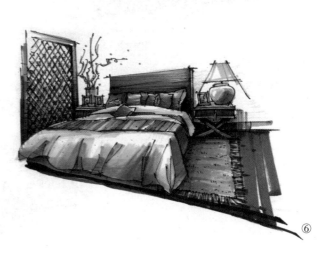

⑥

● 图 5-25　室内床、床头柜组合手绘步骤

① ② ③ ④ ⑤ ⑥ ⑦

● 图5-26 室外景观组合手绘步骤

● 图 5-27　学生临摹作业

②强调画面的节奏关系，有时可从次要物体着手，如图 5-24，在原有素材中，沙发上的抱枕色彩及图案变化不大，但为了更好地完成画面的最终效果，可将其进行调整改变，使其色彩及图案都更为丰富，也增加了画面的细节，使画面更加生动。

步骤四：

与上一章节单体手绘表达相同，在最后的步骤中，应重新审视画面，并对画面进行最后的刻画及调整。

表达要点：

①由于单体组合相较于独立单体，画面中要刻画的物体增多，物体之间色彩相互影响变得更加丰富。因此，对于环境色的表达在这一步尤为重要。一般物体的受光及反光面都存在环境色的影响。

②再次强调画面的主次关系，通过增加主要物体的层次体积感、材质肌理感，拉开画面的主次及

前后关系，如图 5-26 中的前景与远景，通过细节的刻画，拉开空间层次。

训练方法及要求：

①收集以上几种不同功能、不同风格的优秀单体和单体组合示范临本进行模仿训练，每一组单体黑白灰关系与色彩关系各一张（图 5-27）。

②收集以上几种不同功能、不同风格的优秀单体和单体组合实物图片进行参照性手绘表达（图 5-28）。

训练目的：

临摹是手绘表达训练的一种有效手段。先对照优秀示范临本进行大量的摹仿，再对照实景图片通过自己的理解和经验进行表达，既可以迅速提高初学者的表达技巧及高度概况，分析组织画面的能力，又可以锻炼初学者的观察及收集资料的能力，通过这一章的分段训练为整体空间手绘表达打下扎实的基础。

● 图 5-28　实物图片临绘

第6章 环境艺术设计整体空间手绘表达

学习目标：通过对环境艺术设计整体空间范图的分析讲解，让学生从每一个分解步骤中认真体会并理解从构图到细部质感刻画再到最终画面协调统一的表达过程。通过不断地练习提高自身整体空间手绘表达的能力。

整体空间相较于单体和单体组合的手绘表达其复杂度和难度都要大。整体空间手绘表达既要求其中的单体表达生动精彩，还要求画面各个元素的协调统一，既要展现出画面空间层次的变化，还要展现出设计的重点。下面通过对整体空间手绘表达步骤的概述和对各个关键步骤的具体分析讲解，让初学者了解并深入理解环境艺术设计整体空间手绘表达的过程。

6.1 整体空间手绘表达步骤概述

步骤一：定稿，根据设计创意明确设计需要表达的内容主体。选择最佳的透视角度和透视类型，分析表达空间的光影关系、色彩关系，选择适宜的表现工具和纸张，据纸张大小确定适宜的构图形式。用钢笔、一次性针管笔或其他硬质笔类，从整体空间轮廓到局部形体细节逐步勾画，遵循主次关系原则，强调突出视觉表现中心。对部分影响画面中心的内容可以有选择性的简化、取舍。根据设计的要求注意线条的疏密关系、软硬关系和松紧关系，必要时可借助尺类工具更准确地绘制线条（图6-1）。

步骤二：从画面光影关系入手，选择能够概括和贴合材质的中性颜色铺设画面主体色调。笔触不宜

● 图6-1 步骤一

过乱，上色步骤可由浅入深或由深到浅，切忌拖泥带水。由大体块向小细节过渡，注意考虑下一步画面的经营，适当留白。不可平铺直叙，造成画面的死板（图6-2）。

　　步骤三：进一步将空间中的主要物体一一着色，表现出它们的固有色和光影关系。合理控制表现对象的空间层次特征，注意色彩的取舍。选择适合主体色调的色彩搭配，注意色彩的冷暖关系，同时控制好画面的色彩调子，强化空间的设计氛围（图6-3）。

　　步骤四：强化画面的光影关系和主次关系，对画面的视觉中心进行深入刻画，注意近实远虚的空间感塑造。注意不同材质物体的表现技法差异，金属、

石材、木材等较为坚硬的材料用笔要肯定，切不可过多停顿使色彩晕开而产生柔软感；同时金属、木材、玻璃、石材等材料由于表面光滑程度不一，所以在其的反光部分也要加以区别，分清主次（图6-4）。

　　步骤五：进一步完善画面，调整画面的整体关系，突出画面重点，对画面的细节进行深入刻画，丰富画面。由于马克笔表现画面体积感强，色彩对比强烈，笔触变化丰富，适合作大体块的整体空间表达，但是画面的细节刻画却是马克笔工具表达的弊端，因此辅以彩色铅笔进行细致入微的描绘，并对空间的色调进行微调，则可以增加画面的深度，更好地表现设计氛围（图6-5）。

● 图6-2　步骤二

● 图 6-3　步骤三

● 图6-4　步骤四

● 图 6-5　步骤五

● 图6-6　步骤六

步骤六：最后一次调整画面的主次关系和色调，添加必要的环境色让画面更加形象生动。强化近景物体、弱化远景物体，调整画面的空间关系，防止本末倒置。用马克笔调整画面中过于沉闷的部分，可在边沿处适当地加上一些跳跃、灵动的笔触，注意构图的经营、用笔的肯定，不可草率（图6-6）。

6.2　整体空间手绘表达的构图方式

在进行整体空间的手绘表达时首先要考虑的是构图，它是环境艺术设计表现图的重要组成要素。构图时要求画面饱满、形体准确、设计重点突出，营造出近景、中景、远景相互协调呼应的画面关系。构图过大或过小，过于集中或者过于松散都会降低画面的美感。

视角是观察事物的角度，它是决定理想构图的关键因素，在第三章3.1透视基础中我们谈到，在环境艺术设计手绘表达时常用的透视方法有：平行透视（一点透视）、成角透视（两点透视）和斜角透视（三点透视）。这三种透视表现也就是视角在画面中的呈现方式。

视点的合理选择是决定理想构图的另一个关键因素。视点的高、低、左、右的变化能够改变画面构图的方式，展现出不同的空间内容（图6-7）。

确定视角与视点要注意以下几点：①要尽量把设计重点放在画面中心。②尽量选择能表现丰富空间层次的视角与视点（图6-8）。③视点较低表现出的形体空间显得比较有气势，低视点一般应用于高空间或局部空间的表现（图6-9）。视点较高则能比较充分地展现形体空间的整体效果和空间关系。高

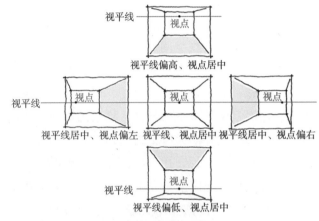

● 图 6-7　一点透视中视点的不同选择所带来的构图变化

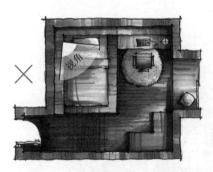

视角一

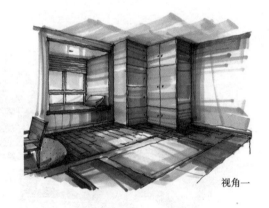

视角一

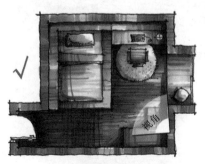

视角二

视角二

● 图 6-8　视角与视点的选择

视点一般应用于大范围空间的表现（图 6-10）。在表达单一空间或者小空间时要注意，如没有特殊要求，尽可能地将视点选择正常或稍低点的视线高度（图 6-11）。可以说确定了视角和视点也就确定了构图。

6.3　整体空间手绘表达的光影关系

　　环境艺术设计手绘表达的重要内容是通过对不同形体的塑造来展现空间形态，在视觉中，一切物体形状的存在是因为有了光线的照射，产生了明暗关系的变化，才显现出来。因此，形和光影关系是所有表达要素中最基本的条件。除了用不同风格的线形表达形体之外，通过刻画光影关系来塑造形体是最有效和最根本的表达方法，环境艺术设计表现图的成败在很大程度上与光影关系的表达有直接关系。这就是为什么钢笔表现图就算只有黑白灰关系，却没有任何色彩上的表达，同样可以独树一帜，清晰表达设计意图的根本原因。

● 图 6-9　低视点

● 图 6-10　高视点

● 图 6-11　单一空间或小空间视点选择正常或稍低点的视线高度

手绘表达中的光影关系包括黑白素描光影关系和色彩光影关系两种。在处理画面的素描光影关系时，先认真思考设计表达对象的空间特征和气氛，选择最为合适它的线形语言来勾画形体空间。例如，严肃庄重的空间气氛适合较为严谨规整的线形去诠释（图 6-12），而轻松舒适的空间环境适合用随意洒脱的线形去诠释（图 6-13）。当然这个并不绝对，也可以根据自己的喜好选择线形。形体结构勾画结束后要通过长短、粗细、疏密的排线方式着重塑造出形体的光影效果，处理画面的黑白灰关系。这里要强调的是，素描光影关系表达得越充分，在后续表达色彩光影关系就越轻松。

如果说素描光影关系可以表达出空间的光照角

● 图 6-12　规整的线形

● 图 6-13　随意轻松的线形

度和光照的强弱，那么色彩光影关系就更进一步，它可以表达出空间的光源环境。光源分为自然光源和人造光源，在环境艺术设计手绘表达中强调设计师主观创造出的适合设计意图的空间光照环境。上一段内容讲到要选择适合空间特性的线形语言来勾画形体空间，同样，光照环境也要适合设计空间的特征和气氛。例如，建筑景观空间设计手绘表达中常选用自然光源，自然光线下的空间色彩偏冷，明暗对比强烈，能突出表现空间形体的体积感和材料质感，也可容易体现出空间的远近关系。由于自然光线下的光影关系较单一，在处理复杂空间时容易将各个元素协调统一（图 6-14）。而建筑室内空间设

计中常选用人造光源，室内空间中的人工光线一般色调偏暖，光影关系复杂，明暗层次较多，适合表现商业及居住空间（图 6-15）。

环境艺术设计手绘表达所强调的并不是细节的逼真，而是将空间中不同元素通过以上表达方法组合提炼，营造出整体空间的气氛。这就要求自身有较强的归纳与概括能力。很多初学者在单体表现阶段时得心应手，但是到了整体空间的表达阶段，就有些力不从心，不能合理、形象地表达出整体空间氛围，这就是由于基本功打得不扎实而导致，这里所指的基本功主要是指素描和色彩的基础。因此强化提高自身的素描色彩基础，将有利于手绘表达的学习。

● 图 6-14　自然光线下的光影关系

● 图 6-15　人造光源下的光影关系

6.4　整体空间手绘表达的材质刻画

物体通过质与量来显现各自特定的属性和特征。准确表现物体的质感对环境艺术设计手绘表达来说至关重要。材质是人们识别物体特征的重要线索。生动的材质刻画是手绘表现图吸引人的主要原因之一，也是准确传达设计意图的有效途径。

在刻画不同物体的材料质感时，要考虑几个因素：

第一，可以通过不同的排线和笔触去体现物体的材质（图6-16）。物体的材质有光滑粗糙、硬朗柔软、细腻粗犷等区别，例如，果断肯定的直线排线可以表达出光滑硬朗的物体在光线下所呈现出的反光。大小笔触和不同方向的笔触可以分别表现出植物的叶片形状和生长状态。

第二，可以综合使用不同的表现工具。每种表现工具由于自身的特点不同，所表现出的材料质感也会有所不同。例如，钢笔或针管笔可以将材质的肌理形态展现出来。彩铅既能够将物体材质的色彩表达出来，又适合表达粗糙或柔软的质感。马克笔更加适合表现材质光滑，或人工化工业感强的物体。因此在环境艺术设计手绘表达过程中不要苛求只使用一种表现工具刻画所有的材质。

第三，选择合适的颜色去体现物体材质。每种物体的材质不光有肌理的不同还有其自身所特有的颜色。例如黄棕色系的色彩，是对木材质颜色的提炼，蓝灰色系是对玻璃、镜面色彩的提炼。灰色系是对不锈钢、水泥、石材的色彩提炼。绿色系是对植物的色彩提炼等。

在环境艺术设计手绘表达的过程中，对于物体材质的刻画应比较客观地去展现，要求初学者对实际材料质感有深入细致的观察并对其归纳总结。这里要强调的是，平面表现图中的材料质感刻画与空间中是有很大差别的。空间中的材质受到透视和光线的影响，有远近、虚实、冷暖、比例的变化。因此初学者更应该对实际空间中不同材质的物体有较为认真深入的观察，通过不同的排线方式、笔触大小、工具的选择、色彩的搭配进行客观细致的刻画（图6-17）。

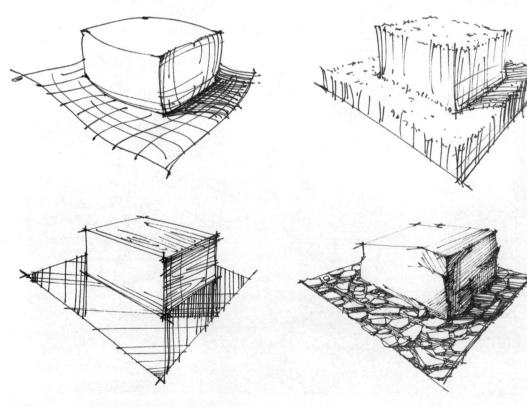

● 图6-16　不同的排线和笔触体现物体的材质

软织物

玻璃镜面质感

石材质感

● 图 6-17　物体材质的表现

6.5　整体空间手绘表达设计重点的刻画

　　环境艺术设计手绘表达的最终目的是展示设计意图。因此必须利用人为的表现手法着重强调画面中能体现设计意图的部分，体现画面形体空间中的主次关系是主要的刻画方式。这其中包括构图的主次关系、空间层次的主次关系、光影的主次关系还有材质细节的主次关系等。

　　1）构图的主次关系指的是尽量将设计重点展现在画面的中心，这一部分可以参考 6.2 章节的内容。

　　2）空间层次的主次关系，主要体现在画面有前景、中景、远景之分，在手绘表达中，中景一般是体现设计重点的部分，因此前景和远景在形体结构表达上较为概括，起到陪衬的作用，而中景表达较为具体详细，通过这种画面层次上的对比关系突出重点。如果画面只有一个空间景深，那么图面效果就会显得过于平均，没有对比就没有主次（图 6-18）、（图 6-19）。

　　3）光影的主次关系，可以通过素描关系和色彩关系体现，素描关系通常的表现手段是将设计重点部分的光影对比效果加强，非重点的部分削弱，强烈的光影对比关系可以使设计重点醒目突出。色彩关系常用的表现方法是在设计非重点部分选用饱和度较低的颜色，而在设计重点部分选用相对饱和度较高的颜色。如果画面有前景、中景、远景之分，那么前景在用色上不论是冷暖或饱和度都采用中间色调；中景在用色上偏重于饱和度较高的颜色；远景在用色上相较于前景采用偏冷并且饱和度较低的颜

● 图6-18　空间层次较为单一

● 图6-19　空间层次丰富，有前景、中景、远景之分

色。这种通过色彩的冷暖和饱和度的变化，也可以体现出画面的主次关系（图 6-20）。

4）材质细节的主次关系，材质方面是指尽量将设计重点部分的质感刻画更加深入形象，非重点的部分概括表现。细节方面是指将画面设计重点部分的细节完善，例如，可以将设计重点部分主观地添加一些配景装饰等，起到画龙点睛的作用，在增强画面设计重点的同时吸引人们的注意力（图 6-21）、（图 6-22）。因此除了材质刻画的主次外，细部的处理手法也很关键。

色调饱和度较高
光影对比关系较强

色调偏冷
饱和度较低

中间色调

● 图 6-20　光影的主次关系

● 图 6-21　画面细节不够完善生动

● 图 6-22　加入配饰后画面重点生动、突出

6.6　整体空间手绘表达最终效果的调整

画面最终效果的调整一般来讲是在整体空间手绘表达的最后阶段进行，这个阶段需要将表达的重点放在整体空间的和谐统一与气氛营造上。以下几种调整方式希望能给初学者以借鉴。

1）重新审视画面构图是否饱满均衡。虽然构图在手绘表达过程中最先考虑并完成，但对于初学者来说可能还会出现构图上的偏差，那么可以在最后的调整阶段根据具体情况适当地给以完善，例如，整体画面重心如果向左偏移，那么可以在画面的右方适当地添加一些配景用来均衡画面，但注意配景要概括表现，不能喧宾夺主（图 6-23）、（图 6-24）。

2）重新审视画面黑白灰关系是否表达合理。手绘表达的过程中往往会将画面整体黑白灰关系表现过于平均，或者只有黑白的对比关系但缺乏灰色的过渡，以上两种表达方式都会使画面缺乏空间上的层次感和主次关系。举例来说，在自然环境中空间里的物体通过光线的影响会产生近处清晰，远处模糊；近处明亮，远处灰暗的视觉变化，那么在调整画面黑白灰关系时应该遵循这一自然规律，让画面体现出丰富的空间感（图 6-25）、（图 6-26）。

3）重新审视画面色彩关系是否协调生动。一张

● 图 6-24　添加配景、均衡画面

表现图是由很多个不同形体组合而成，每个形体都有自身的色彩属性，上色时就应该提前想好所设计的空间环境氛围适合用哪种色调去表达，根据不同的空间性质，注入不同的色调。如果在着色阶段不能将空间气氛表达得很好，就要通过后期对画面的整体色调进行调整。例如，画面如果过于灰暗，可以补充一些明快的色调；反之，如果画面过于饱和艳丽，应当增加部分的灰色调，平衡画面。

还有一点要注意的是，由于光线的作用，不同颜色、不同质感的物体都会相互受到对方或多方的影响。那么，单个物体在环境中所呈现的颜色关系不应当仅仅是自身的固有色，而应适当融入其他物体的颜色，同时加强自然光和灯光对于环境的烘托，这就是画面环境色的表达。从以下两张对比图可以看出（图 6-27）、（图 6-28），环境色是统一画面、使画面气氛生动形象的关键因素。因此在手绘表达最终效果的调整阶段一定不能忽视对环境色的刻画。

4）重新审视画面中设计重点是否醒目并与整体空间和谐统一。突出设计重点可以通过加强光影关系，提高色彩的明度与饱和度，较为细致的材质与细节刻画等表达方法去实现。但是控制不好往往会出现设计重点部分在整体画面中过于跳跃，无法和周围环境相协调。那么这时需要将其他设计部分通

● 图 6-23　画面重心向左偏移

● 图 6-25 画面黑白灰关系不明确，设计重点不突出

● 图 6-26 调整画面黑白灰关系，突出设计重点

● 图 6-27　单纯固有色的画面色彩

● 图 6-28　融入环境色的画面色彩

过以上手段重复刻画，以达到画面的和谐统一。因此对设计重点部分的描绘刻画，应服从于整体的素描、色彩关系，提前认识到哪些物体需要深入刻化，哪些物体需要次要表现等。宁可对设计重点部分在前期表达不充分，通过后期不断地调整完善，也不要一次性表现过头，最后导致不好修改。

5）最后要注意配饰和配景的塑造，配饰和配景塑造的好坏是影响画面层次感、生动性、丰富性的关键因素，对画面起到"画龙点睛"的作用。但是要强调的是，不能将其理解为对配饰和配景刻画得深入具体。而应认识到对它们的塑造是为了渲染空间气氛，概括恰当的表达才是关键。例如，在表达客厅的设计时，在茶几上勾勒一些水杯或插花，在沙发上表现一些抱枕等，这样的配饰塑造可以顿时让整个客厅环境生动丰富起来。再例如，在表达小区中心广场景观设计时，可以适当地增加一些动态的人物，哪怕只是非

常概括地去表现，也能让整体画面生动起来。配饰和配景的塑造应与整体空间环境相协调。

环境艺术设计整体空间手绘表达训练方法及要求：

① 收集不同场景不同风格的景观空间与室内空间优秀手绘表达示范临本进行模仿训练，要求同一张临本分别用黑白灰素描关系和色彩关系去表现。（图6-29）。

② 收集景观空间与室内空间实景照片进行参照。用手绘表达的方式将照片中的场景还原表现（图6-30）。

训练目的：第一个练习部分通过大量的临摹训练，注重对每一个步骤完成阶段的理解，学生可以基本掌握手绘表达的一定技法，为今后独立创作打下良好基础。第二个练习部分，用手绘表达的方式将照片中的场景还原表现，既可以检验和提高前期教学中学生对手绘表达的熟练程度和综合运用能力，又可以训练学生的高度概括与归纳能力。

● 图6-29　临摹示范临本（学生作业）

● 图 6-30　场景还原表现（学生作业）

第 7 章 优秀案例欣赏

● 图 7-1 某中庭室内设计（作者：Richard Rochon，资料来源：《建筑表现艺术 2》）

'VIKING' WALL STORAGE UNITS
DESIGNED BY ROBERT W. GILL . A.I.D.I.A.

● 图 7-2　Office Interior with Viking Wall Storage Units（资料来源:《建筑表现艺术 2》）

● 图 7-3　建筑单体设计（作者:阎飞）

● 图 7-4　别墅建筑设计（作者：高伟）

● 图 7-5　商业街景观设计（作者：吉魁）

● 图 7-6　仿古街区设计（作者：王琦）

● 图 7-7　丽江古城写生（作者：贺森）

● 图 7-8　别墅立面设计（作者：詹安慰，资料来源：《2008 手绘设计大赛作品集》）

● 图 7-9　城市公园景观设计（作者：尹曾）

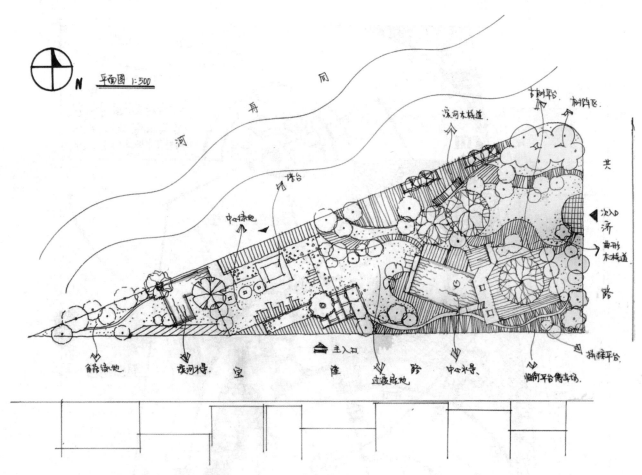

● 图 7-10　城市公园景观设计平面表达（作者：李艺菲）

● 图 7-11　景观小品设计（作者：尹曾）

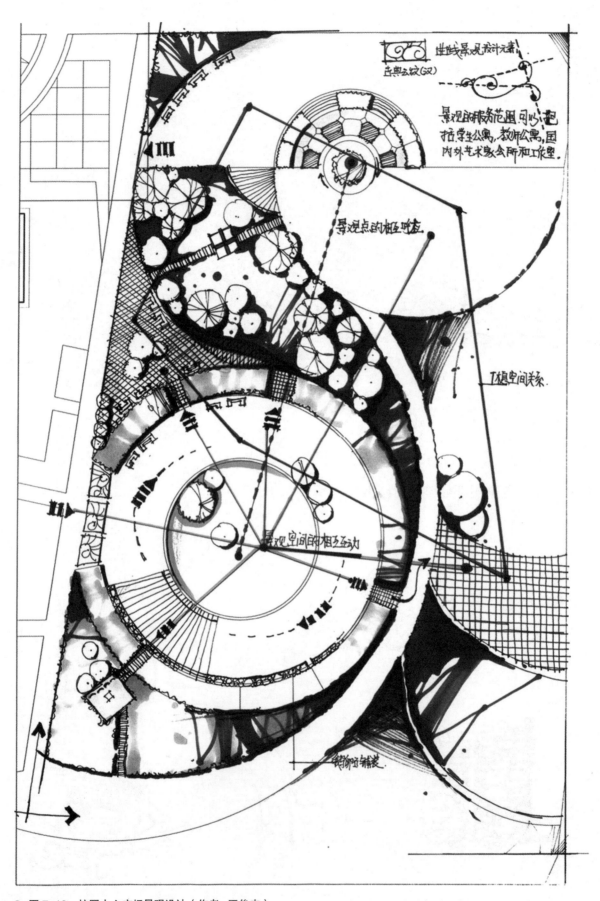

● 图 7-12　校园中心广场景观设计（作者：王俊杰）

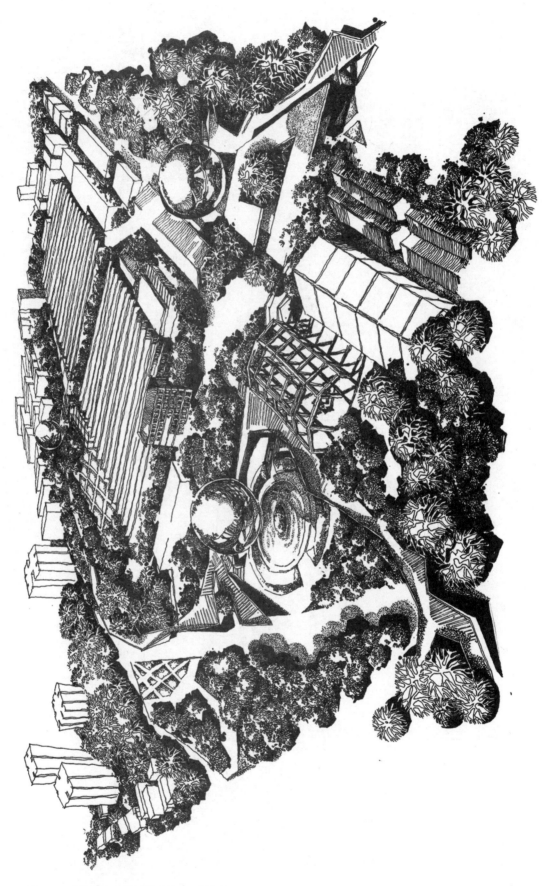

● 图 7-13　某工业区建筑遗产改造设计（作者：贺森）

● 图 7-14　某建筑改造表现（作者：李枚）

● 图 7-15　办公空间休息区设计（作者：张潇文）

● 图 7-16　旧厂房室内改造设计（作者：李炎）

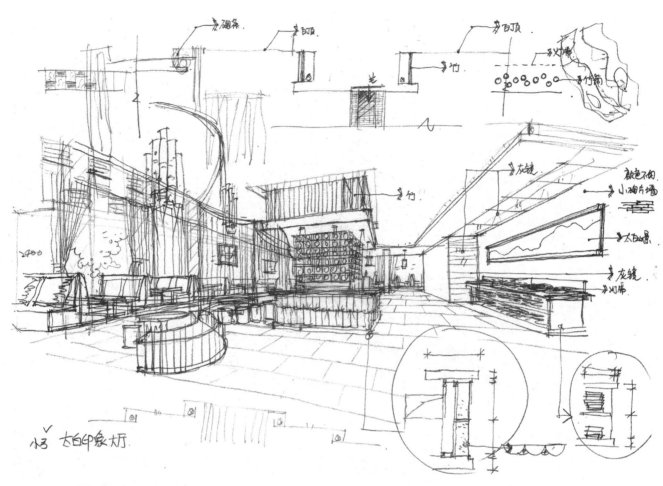

● 图 7-17　茶餐厅室内设计表现（作者：刘威）

● 图 7-18　旧厂区商业街改造设计（作者：贺森）

● 图 7-19 旧厂区商业街改造设计（作者：贺森）

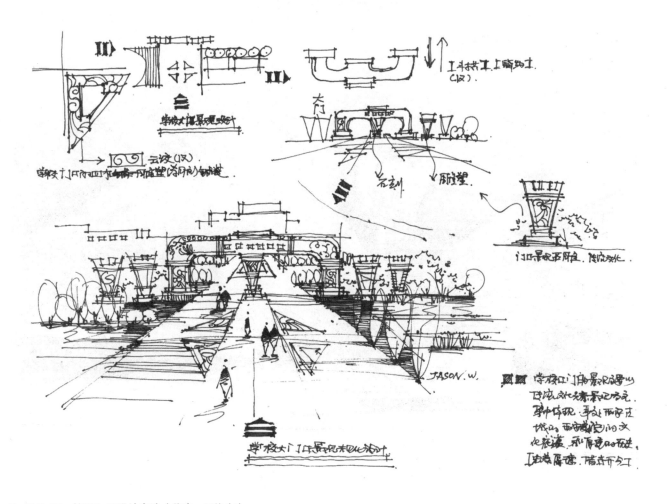

● 图 7-20 校园入口设计表达（作者：王俊杰）

● 图 7-21　海洋馆外立面方案（作者：候继江）

● 图 7-22　西餐厅室内设计（作者：孙情操）

● 图 7-23　风景区入口景观设计（作者：王颖超）

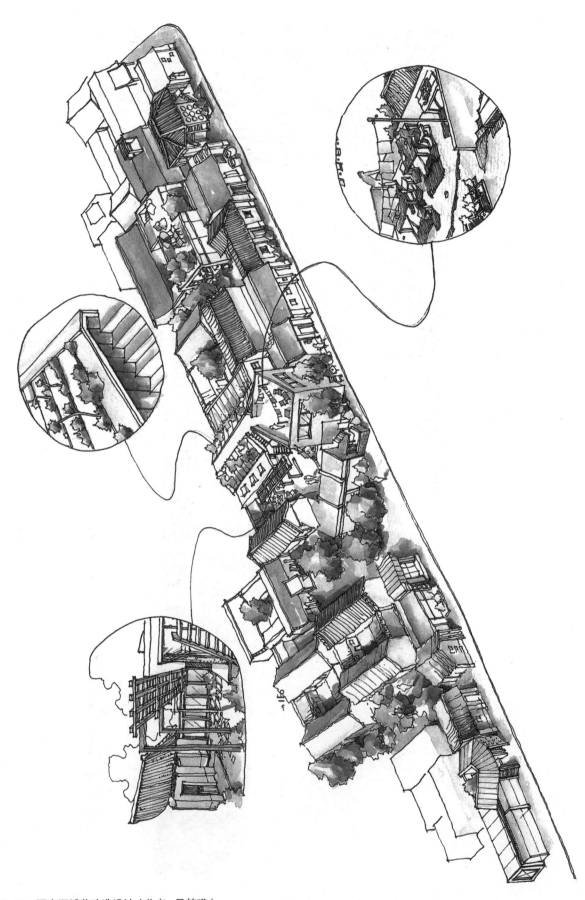

● 图 7-24　西安顺城巷改造设计（作者：吴梦曦）

● 图 7-25　公园景观设计（作者：刘国泰）

● 图 7-26　办公空间展厅设计（作者：张潇文）

● 图 7-27　展览馆建筑设计（作者：张旭辉）

● 图 7-28 海洋世界表演区设计（作者：候继江）

● 图 7-29 居室客厅设计（作者：刘宇龙）

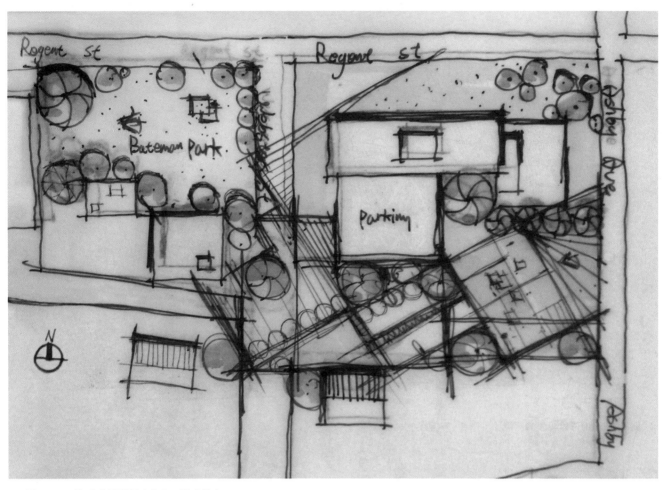

● 图 7-30 街道广场设计（作者：崔晓培）

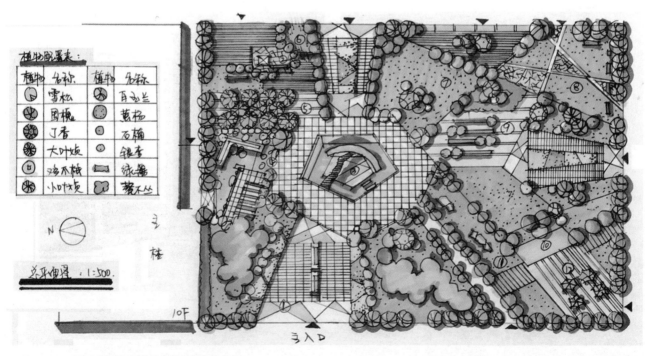

● 图 7-31 校园广场景观设计（作者：李艺菲）

● 图 7-32   The Architectural competition for the renovation of the old part of Dresden,Germany（资料来源:《建筑表现艺术 1》）

● 图 7-33   Metro Center Hartford,Ct（资料来源:《建筑表现艺术 1》）

● 图7-34　别墅建筑设计（资料来源：《建筑表现艺术1》）

● 图7-35　屋顶花园景观设计（资料来源：赛瑞景观）

● 图 7-36　某展示空间设计（资料来源：赛瑞景观）

● 图 7-37　居住区景观设计（作者：胡光强）

● 图7-38　商业广场设计（资料来源：赛瑞景观）

● 图7-39　公园景观设计（作者：黄强）

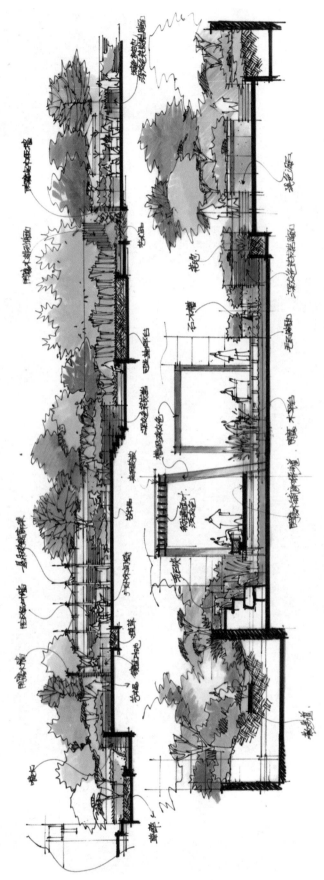

● 图 7-40　庭院剖面及大样（资料来源：赛瑞景观）

● 图 7-41　古镇步行街改造（作者：汪洋）

● 图7-42　别墅区设计鸟瞰表达（作者：张旭辉）

● 图 7-43　室内休息空间设计（资料来源:《室内设计手绘效果图技法详解》）

● 图 7-44　室内空间入口设计（资料来源:《室内设计手绘效果图技法详解》）

● 图 7-45　家居体验馆室内设计（作者：刘晓东，资料来源:《展示设计手绘表现技法》）

● 图 7-46　餐饮空间室内设计（作者：崔笑声，资料来源:《设计手绘表达》）

● 图 7–47　室内空间设计（资料来源:《室内设计手绘效果图技法详解》）

● 图7-48　古镇景观设计（作者：汪洋）

陈炉传说文化墙

● 图7-49　古镇景观设计（作者：汪洋）

剖立面-A

中央绿地景观效果图

● 图 7-50　台地景观设计表达（作者：汪洋）

● 图7-51 西安美术学院新校区规划设计鸟瞰（作者：蒋宗瑶）

参 考 文 献

［1］ 崔笑声，韩风. 设计手绘表达［M］. 北京：中国水利水电出版社，2012：5.

［2］ 胡华中. 景观设计手绘表现技法［M］. 北京：清华大学出版社，北京交通大学出版社，2012：4.

［3］ 尚磊，杨珺. 麦克笔快速表现技法解析居住空间设计表达篇［M］. 武汉：湖北美术出版社，2010：6.

［4］ 沈克宁. 建筑现象学［M］. 北京：中国建筑工业出版社，2008：2.

［5］ 徐重温. 存在主义哲学［M］. 北京：中国社会科学出版社，1986.

［6］ 海德格尔. 海德格尔存在哲学［M］. 孙周兴译. 北京：九州出版社，2004.

［7］ 胡塞尔. 生活世界现象学［M］. 倪梁康，张廷国译. 上海：上海文艺出版社，2005.

［8］ 刘先觉. 现代建筑理论［M］. 北京：中国建筑工业出版社.